U0247414

汉竹主编●健康爱家系列

Hello!

面包机

升级版

薄灰 ♥ 著

一下子，
就懂了烘焙的全部秘密

放下配料，按下开关，就能做出好吃得吓自己一跳的面包！

汉竹图书微博
http://weibo.com/hanzhutushu

读者热线
400-010-8811

江苏凤凰科学技术出版社
全国百佳图书出版单位

自序
PREFACE

　　从小就喜欢面包。

　　长大了，喜欢面团在手里百变揉搓的感觉，喜欢面团发酵好胖乎乎的感觉，喜欢烤面包时满屋飘香的感觉，喜欢早晨起来拿起两片面包就能出门的感觉，喜欢看着女儿满足地啃面包的感觉……喜欢就是这么简单。

　　一张桌子，几把椅子，有一盘面包，这便是我的家。

　　小时候每次春游或者秋游，妈妈一定会给我准备面包，而我总是在还没到达目的地的时候就吃完了。我想，儿时，面包对我来说更多的是零食而不是主食。不过香甜柔软的口感始终是我所爱的，一直到现在也没变。唯一变的就是现在不会拿面包当零食啦，更喜欢拿面包当早餐，抑或是饿的时候拿来充饥。

　　小时候所吃的面包的滋味，我有点不太记得了，只记得没有现在外面卖的面包香。如今面包房里的面包，未见其"包"便闻其"味"，但是吃过自己亲手做的面包的人就会知道，有些味道并不是来自于纯正的牛奶、黄油，而是各种香粉、人造黄油改良剂。面包房里的面包虽然闻起来香甜，但吃惯了真正天然材料烘焙而成的面包，再吃店里的那些就能感觉到差异，这也是我现在几乎不购买市售面包的原因，不然吃起来心里总有点疙疙瘩瘩的。

　　有时，朋友们会惊讶曾经什么家务都不会做的我，现在居然连面包都会做了，而我都是一笑了之。做面包其实并不难，如果你想学，就一定可以！现在工具这么齐全，购买烘焙用品又这么方便，只要再拥有一台面包机，自己在家烤面包真的不是什么难事儿。当然，前提是一定要有一颗热爱烘焙的心。

　　对我来说，烘焙最大的乐趣不在于自己吃，和家人朋友一起分享我做的美食才是最开心的，尤其是和捧着这本书的你们，一起分享我的面包制作过程，更是无比地惬意。

Hello！我的面包机

第一篇

真的新手吐司 嗯，面包机烘焙专属小技巧 ·········· 016

Part 1 只用摁下开关的基础吐司

Part 2 加点儿料，很简单

第二篇

明星吐司超简单 来做几款最常用的馅吧 ———————— 056

枣泥馅 紫薯馅 花生酱 苹果肉桂馅 蜜红豆 沙拉酱 比萨酱 樱桃果酱 苹果果酱 肉松 自制面包糠 奶黄馅

Part 1 嘿嘿，加个香浓甜蜜的馅儿

Part 2 好健康的杂粮蔬菜吐司

超越吐司！当面包机遇上了烤箱

第四篇

传说中的高手吐司：汤种、液种、中种、起酥和天然酵母

听说天然酵母 ························· 144

葡萄干酵母液 葡萄干酵种 苹果酵母液 苹果酵种

第五篇

意想不到的面包机

Part 1 蛋糕奇迹

Part 2 中式面包机

Hello！我的面包机

什么是面包机

面包机，顾名思义，就是能烤面包的机器。根据机器设置的程序，放入配料，机器可以自动完成和面、发酵、烘烤等一系列程序，最终得到松软可口的面包。

拥有一台面包机，我们不仅能制作面包，还能制作蛋糕、酸奶、米酒、肉松、果酱等。面包机强大的功能给身为家庭主妇的我们带来了极大的便利。

本书中所使用的面包机为柏翠 PE8800SUG 和柏翠 PE6880SUG。不过书中提到的所有面包也可以用其他面包机来制作，只是具体和面时间和烘烤时间要根据不同的面包机作相应调整。

不同品牌面包机的"大众人生"

不同品牌的面包机，按键名称、程序设置也不尽相同，所以使用前，要先仔细阅读说明书，了解各个按键的功能。

为了方便大家使用本书，在制作面包时，我考虑到了各个面包机因菜单程序不一致所带来的问题，保证即使使用不同的面包机，我们也可以轻松做出好吃的面包。不过无论面包机品牌如何不一致，制作面包的基本程序都是大同小异的，我们还是先了解一下面包制作的基本程序，即和面→发酵→烘烤。

单独和面程序

有的品牌的面包机有单独和面程序，根据不同面包机型号，1 个和面程序时间在 15~23 分钟之间。如果你的面包机没有单独和面程序，那么可以选择普通甜面包程序，在和面结束即将进入发酵阶段时按下停止键，然后再次启动一次和面程序就可以了。

单独发酵程序

天气冷的时候，我们需要利用面包机的发酵程序来帮助面团发酵，这个程序时间一般为 2 小时左右。如果没有单独发酵程序，那么面包机应该有一个"发面团"的程序，这个程序前面为和面，紧接着后面就是发酵，在需要启动第 2 个和面程序时，我们可以采用"发面团"程序，这样就可以解决发酵的问题啦。

烘烤程序

如果和面程序和发酵程序没有出现什么差错，那么该是烘焙程序"大显身手"的时候了。不同品牌的面包机的烘焙时间也不尽相同，或者烘焙不同甜品所需的时间也有所差异，所以，烘焙程序中"时间因素"很关键。平时我们在使用面包机烘烤时，可遵循面包机自带的烘焙程序设定，但是千万不要偷懒，按下按键后就坐视不管，要做到"心里有数"，在估计烘烤时间快到了的时候，仔细观察上色情况，因为提前关闭烘焙程序或者延长烘焙时间都是有可能的。

面包机购买巧支招

我用过 4 台不同型号的面包机，它们在制作工艺和功能上都有很大的区别。那么在众多的品牌中，我们该如何挑选最适合自己的那台面包机呢？

推荐首选拥有不锈钢材质外壳的面包机，因为它能更好地承受高温而不变形，在安全性能、受热、使用寿命上的表现更优秀。

面包机的首要作用自然是烘烤面包，建议选择带有单独和面、单独发酵、烘烤程序的面包机，这样我们使用起来会更方便。另外，现在的面包机功能很人性化，根据需要可以选择带有蛋糕、酸奶、果酱、米酒、肉松模式的面包机。

最重要的面包机桶和搅拌刀

面包机桶用来装面包原材料，并进行和面、发酵、烘烤等程序，它可以从面包机中取出来。使用时要先装上搅拌刀，注意搅拌刀的上下方向不要装反了，否则可能会损伤内桶。不同的面包机，面包机桶的容量大小也不一样，根据内桶的不同大小，制作面包的原材料也要酌情增减。

使用面包机需要注意的地方

初次使用面包机时，建议先空烤 10 分钟，然后用清洁剂清洗干净，如果干烧时出现一些味道和冒烟现象，都是正常的，因为机器在出厂时，内部会有一些润滑保护油。

每次和面结束时，要及时取出搅拌刀并清洗干净，否则时间久了，搅拌刀会被面粉黏住，不容易取出来。

我爱用的烘焙原料

高筋面粉
是制作面包的主力军。因为它的蛋白质含量比较高，揉面团的过程中产生的面筋能形成面包独特的嚼劲和口感。需要注意的是，不同品牌的高筋面粉吸水性、筋度、延展性都略有差异。

低筋面粉
蛋白质含量比较低，适合制作蛋糕、饼干等。在制作面包时添加适量的低筋面粉，可以调整面团的筋度，使形成的面筋变软，并且面包的口感嚼劲也会减弱一些。

全麦面粉
由整粒小麦研磨而成，麦香味浓郁，它保持着整粒小麦相同比例的胚乳、麸皮及胚芽等成分，是天然健康的营养食品。因此添加在面包里，比例不宜超过面粉总量的40%。但是全麦面粉口感比一般面粉粗糙，因此营养丰富。

黑麦面粉
源自黑小麦，其中所含的蛋白质、脂肪、淀粉、干物质、18种氨基酸的总量均高于普通小麦。

肉桂粉
俗称玉桂粉，是一种由肉桂或大叶清化桂的干皮和枝皮制成的粉末，广受大家喜爱，经常被添加在面包、蛋糕、派以及其他烘焙产品中。

奶粉
含有丰富的人体所必需的营养成分和微量元素，具有独特的香味，可以作为一种营养强化剂和天然色素添加剂。

无糖可可粉
由整粒的杏仁豆研磨得来，常用在蛋糕和饼干中，可以丰富烘焙甜品的口感。

可可粉含有可可脂，具有浓烈的可可香气，可用于高档巧克力、冰激凌、糖果、糕点及其他含可可的食品。

抹茶粉
可以给面包增添风味，低脂或全脂的都可以。

杏仁粉

黄油

从牛奶中提炼而来，制作面包时添加适量的黄油，能提高面团的延展性，改善面包组织，也可以很好地提升面包的口感和香味。书中使用的均为无盐黄油，需要冷藏保存。

片状黄油

含水量相比一般黄油要少，熔点也不同，可以用来制作起酥面包。

安琪耐高糖金装酵母，金燕酵母

本书所用的酵母为右侧两种，都是即发干酵母，并且耐糖分比较高，是目前做面包最常用的酵母。开封后，用夹子夹好，尽量避免包装内有过多空气，最好放在冰箱里冷藏保存。

朗姆酒

由甘蔗汁制成，除了用来调鸡尾酒，用在烘焙中也别具风味。

百利甜酒
纯净爱尔兰奶油与上等佳酿威士忌的完美组合，用在烘焙中可以增添面包的风味。

炼乳 "浓缩奶"的一种，是一种将鲜乳经真空浓缩或用其他方法除去大部分的水分，浓缩至原体积25%~40%的乳制品。

牛奶 用牛奶来代替水和面，可以使面团更加松软，更具香味。

动物性淡奶油 由牛奶制作而成，做面包的时候添加一些，可以使面包更香浓可口。注意不要用植脂奶油来代替。

酸奶 是以新鲜的牛奶为原料，经过有益菌发酵而成，是很好的天然面包添加剂。

| 糖粉 | 细砂糖 | 黑糖 | 红糖 | 枫糖 | 蜂蜜 |

呈粉末状，用料理机将白砂糖搅打而成。

颗粒细小，很容易融化在液体中。做面包时添加一些，不但可以增加面包的风味，还有助于面团的发酵。

把甘蔗榨汁，通过简易处理、浓缩形成的带蜜糖。它除了具备糖的功能外，还含有维生素和微量元素，如铁、锌、锰、铬等。

没有经过高度精炼、脱色的蔗糖。有浓郁的焦香味和很高的营养价值，有利于人体内的酸碱平衡。

由一种特定树液浓缩制成的枫糖浆。

一种天然的面包添加剂，用在面包里，可以提高面包的保湿性、柔软性。

| 糖渍橙皮丁 | 糖渍柠檬皮丁 | 糖渍杞果丁 | 蔓越莓干 | 葡萄干 |

橙皮经过糖蜜加工而成，有浓郁的香橙味，用来制作面包、蛋糕、饼干。可以增添其香橙味道。

由柠檬皮加工而成，有浓郁的柠檬味，用来制作面包、蛋糕、饼干。可以增添其柠檬香味。

由杞果加工而成，平时喜欢吃杞果，做面包时不妨放点杞果。

又称蔓越橘、小红莓，经常用于面包、糕点的制作，可以增添烘焙甜品的口感。

由新鲜葡萄风干而成，用来制作面包，可以增添面包的口感。

由整粒的杏仁豆切片而成，适合添加在面包、糕点中，也可用作面包表面的装饰。
杏仁片

可以直接用沸水冲泡食用，添加在面包里，可以增添其口感和营养，一般超市有售。
即食燕麦片

由椰子果实制作而成，可以作为面包的夹心馅料，有独特风味。
椰蓉

呈金黄色颗粒状，胚芽是小麦生命的根源，是小麦中营养价值最高的部分。
小麦胚芽

由各种豆类煮熟、糖渍后制成，可以购买市售真空包装产品，也可以自己制作。
蜜豆

我常用的 烘焙工具和小小利器

厨房秤
推荐使用能精确到 1 克的电子秤，
在称量原材料和分割面团时都会用到。

酵母量取器
可以更精准地称量酵母的用量，推荐
备一个。

锯齿刀
用来切面包或蛋糕，
建议使用质量好的锯齿刀，
切出的效果会更好。

刮板
用来分割面团或者刮下案板上的面团。

保鲜膜
发酵或松弛时用来盖住面团，
防止面团表面变干。

量勺
称取少量材料时使用。

锡纸
可以包裹在面包机桶外，
避免桶底温度过高，
从而使面包外壳更薄；
也可以垫在烤盘上使用，
切记用亚光面接触食物。

烘焙油布
烘烤面包时，垫在烤盘下面使用，
分一次性产品和反复使用的烘焙
油布两种。

面粉筛
面粉过筛时使用，也可以用来筛装饰用
的糖粉、可可粉。

擀面杖
面包整形时使用。

毛刷
刷蛋液时使用，也可以用来刷果酱等。

打蛋器
搅拌蛋液或融化其他液体时使用。

晾网
面包烤好后，
需要立刻从面包机桶中取出，放至晾网
上冷却，否则桶内的余热和蒸汽会使面
包回缩变形。

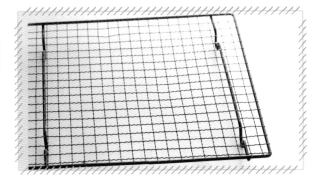

甜甜圈模
用来切割甜甜圈面团。

水果条模具
可以放在面包机桶内烘烤小蛋糕。

吐司盒
烤吐司的模具，除了在烤箱里使用，
也可以放在某些面包机桶内烘烤吐司。

面包机烤架
可以放在面包机桶内烘烤其他小点心，
不过要注意尺寸，有些面包机可能放
不下。

第一篇

♥

真的新手吐司

嗯，面包机烘焙专属小技巧

网店里各种淘，实体店里各种逛，
终于扒拉到了一款心仪的面包机，
好吧，开始动手操作起来吧，
可是初次接触面包机，
该从何做起呢，哪些面包易做还好吃呢……

part 1

只用摁下开关的基础吐司

part 2

加点儿料，很简单

嗯，面包机烘焙专属小技巧

和面

和面就是混合材料，将面团糅合。通过反复的揉面，强化面团内部的蛋白质，使面粉内的麸质组织得以强化，形成网状结构。这个网状结构就被称作麸质网状结构薄膜，俗称"出膜"。

和面时材料的添加顺序很重要

面包机自带食谱上会标注先放湿性材料，再放干性材料，最后放酵母。如果用"预约"功能，则需要这样添加，防止酵母提前溶于水中而影响发酵。但如果是现做面包，不管先放哪种材料都可以。

不能小瞧这两个和面程序

一般第 1 个和面程序结束后，检查面团，如果可以拉出较厚的薄膜（图 1），就可以加入软化的黄油（注意黄油需要提前从冰箱中取出，放到用手指能轻易捏动的状态。如果时间来不及，也可以将黄油切成碎屑状）。每款机器的和面功率不同，所以如果第 1 个和面程序达不到要求，可以继续延长和面时间。

加入软化的黄油后，启动第 2 个和面程序，和面结束后再取一小块面团检查，如果能拉出更薄并且不容易破的膜，将薄膜捅破，破洞边缘光滑（图 2），就是揉到了完全阶段，可以制作一般的吐司面包了。

图 1

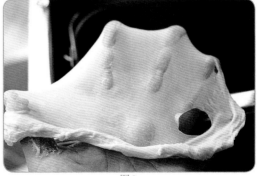

图 2

需要注意的是，判断"膜"是否达到吐司制作的标准，不需要以是否能套在手上形成"手套膜"为准，而是一定要做到"薄、不易破、破洞边缘光滑"。

和面事小，技巧责任大

做面包的时候面粉一般要用高筋面粉，而且水分比例要恰当，盐也是不可缺少的（盐可以使麸质网状结构薄膜变得更有弹性，也会让面包的口感更筋道）。众所周知，不同的面粉吸水性是有差异的，所以每次添加液体时可以预留 10 克。合理的面团应该是不粘手的，并且揉好后光滑、细致、有弹性，面团盈润有光泽（图 3）。

图 3   图 4

水分过多的面团则会粘手（图 4），在刚开始启动和面程序时要注意观察，一旦水分过多，可以及时添加面粉。

另外夏季气温偏高，鸡蛋、牛奶、水等液体要冷藏后使用，并且开着面包机的盖子揉面，防止面团温度过高而提前发酵影响出膜。

发酵

当酵母揉入面团后，酵母菌会和面团里的糖、淀粉发生反应，产生碳酸气体和香味，然后这种成分进入麸质网状结构薄膜后，面团就会开始膨胀，这个过程就是发酵。

如果面团揉好了，烘焙就成功一半了，而发酵则是成功的另一半重要因素。

和好的面团温度在 24~30℃之间的话，开始准备发酵

最适宜的基础发酵温度在 27℃，相对湿度为 75%，大多数情况下，发酵的速度越慢越好，因此室温下发酵最佳。除非在特别冷的时候，为了缩短发酵时间，我们可以刻意将面团放在温暖处。例如在 32℃的专业发酵箱中需要发酵 1 小时，而在 23℃的室温下大约需要 2 小时，但是多出来的发酵时间，可以让面团释放更多的味道。

充分利用保鲜膜

在进行基础发酵时，不管是将面团放在盆中还是面包机桶内，都需要覆盖保鲜膜（图 5），这样可以防止表皮过干。

图 5

认真检查发酵情况

　　检查面团基础发酵是否完成，除了目测面团是否达到原来的 2~2.5 倍（图 6）外，我们也可以将手指蘸一些高筋面粉，戳一个小洞出来，若小洞很快回缩，即发酵不足，需要继续延长发酵时间；若小洞维持原状或是有很轻微的回缩，即发酵正常完成（图 7），可以进行下一步操作；若是面团塌陷，则为发酵过度（图 8）。

图 6

图 7

图 8

　　以下为 2 个发酵过度的面团做成的吐司，烘烤时吐司不再膨胀，成品组织粗糙像发糕并且伴有酸味。

失败 1

失败 2

排气

排气就是把面团发酵过程中产生的气体排出来。方法就是将面团放在撒了少许高筋面粉的案板上，用手掌从中间向四周将面团压平，也可以使用排气擀面杖。排气时面团内所含的碳酸气体会在面团上产生小气泡，二次发酵时能够使面团更好地膨胀。

分割

排气后要将面团分割成小块（图9），方便下一步造型。用刀或者刮板分割时动作要快一些，不能撕碎或者拽长面团，那样会破坏面团已经形成的麸质网状膜结构。

图9

搓圆

面团分割后，为了更好地造型，需要将分割好的面团搓圆（图10），这一步动作也要快速。方法是用手指包裹面团，在案板上揉搓后滚至面团表面光滑。

图10

中间松弛

搓圆后的面团不能马上整形，因为此时面团表面会紧绷，用擀面杖擀开后面团会回缩，所以需要把面团静置一会儿（图11），等待面团表面扩张，这一步就是中间松弛（时间为10~15分钟，需要覆盖上保鲜膜，防止面团表面水分蒸发）。松弛后的面团延展性很好，很容易就能擀开。

图11

整形

整形就是将面团处理成烘烤前的形状。整形方法不同，所制作的面包形状和口感也不同。由于面包机本身的限制，所能制作的面包没有用烤箱制作出来的形状多变，但是整形方法也有很多。

二次发酵

　　整形后的面团需要进行二次发酵，发酵温度控制在32~38℃之间，相对湿度在75%~80%之间。当整形好的面团膨胀到原来的1.5~2倍时（图12、图13），表示二次发酵完成。同基础发酵一样，二次发酵也不能发酵过度，否则烘烤时面团不会继续膨胀。

图 12

图 13

　　书中有些面包属于新手基础面包，只经过一次基础发酵，味道也不错。有时间的话，可以尝试制作经二次发酵的面包，面包风味会更好。

烘烤

　　启动面包机烘烤程序，有些面包机可以设定烘烤时间和烧色，但有些是设定好的不能更改。我们可以根据自家面包机的习性来选择合适的时间，书中所使用的面包机烘烤时间一般在38~45分钟之间，烧色为"中"。

　　对于不能更改烘烤时间的面包机，在观察到烘烤已经完成时，可以提前结束烘烤，防止面包因为烤的时间过久而外壳干硬，或者用锡纸将面包机外桶包裹起来（图14），只留底部旋转，接口处不包，这样也可以有效防止面包表皮过于干硬。烘烤结束后，需要立刻将面包取出，不然机器内的余热和蒸汽会导致面包回缩影响口感。戴上隔热手套将面包机桶取出，小心地将面包倒出放在晾网上放至手心温度（图15）。

图 14

图 15

想要检查自己是否成功

检查面包是否烤好，可以用手指按压一下面包表皮，如果凹印上升回弹就说明烤好了。不过刚烤好的面包内部富含水汽，非常柔软，因此很难切好，需要待面包冷却后再切割。

面包的保存

刚出炉的面包，放在晾网上冷却到和手心差不多温度时，装入大号保鲜袋，密封装好（图16），放置一夜后，面包的水分会均匀分布，所以外壳也会变软，口感是最好的时候。

千万不可将新鲜的面包放入冰箱中冷藏。因为冷藏会加速面包中淀粉的老化，吃起来又干又硬，还容易掉渣。如果保存得当，但是第二天面包还是干硬口感不好，那说明面包本身还是没有制作成功。

图16

如何延长面包的保存期？暂时吃不掉的面包可以装入保鲜袋冷冻起来。吃的时候取出，喷一些水，重新烘烤解冻，或者用微波炉转一小会儿，还可以将冷冻的吐司片放入锅中，不加油干煎一会儿就可以了。

白吐司

材料

高筋面粉 350克

即发干酵母 4克

糖 25克

奶粉 14克

水 220克

无盐黄油 25克

白白的模样儿，傻傻的个头儿，
　　做起来如此容易……

做法

1

黄油软化备用。将除黄油以外的所有材料放入面包机桶内。

2

启动第1个和面程序，和面程序结束后，面团揉至稍具光滑状。

3

检查面团状况。用手慢慢抻开面团，这时面团可以被抻开，但是不太容易被抻得很薄，甚至抻得稍微薄一点就会被扯出裂洞，并且裂洞边缘是毛糙的。

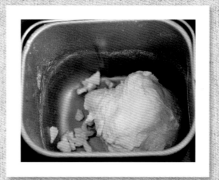

4

加入软化的黄油。

5

启动第2个和面程序，和面程序结束后，面团光滑而充满弹性。

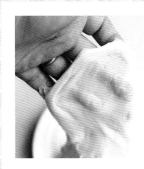

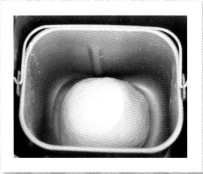

 6

检查面团出筋状况。取一块面团，慢慢地抻开，这时面团已经可以拽开一层坚韧的薄膜，用手指捅破，破洞边缘光滑。此时，面团达到完全阶段，可以用来制作吐司了。如果面团能够形成透光的薄膜，但是薄膜强度一般，用手捅破后，破口边缘呈不规则的形状，此时的面团为扩展阶段，可以用来制作一般的甜面包。

 7

将面团收圆，放入面包机桶内，盖上保鲜膜，防止面团表面变干。

 9

选择烘烤程序，时间设定为38分钟，烘烤结束后取出晾凉即可。

 8

进入基础发酵。当面团发酵至原来的2~2.5倍大时，去掉保鲜膜。

小贴士

1 不同的面包机和面程序的时间设定不尽相同，不过一般在15~20分钟之间。

2 烘烤期间尽量不要打开面包机盖，防止面包回缩。

3 像酵母、水这些辅佐类的材料务必要准确计量，至于糖、盐可根据自己的口味喜好添加，多点少点也不碍事。

蜂蜜吐司

材料

高筋面粉 350克
即发干酵母 5克
蛋液 35克
牛奶 175克
蜂蜜 70克
盐 3克
无盐黄油 15克

做法

1. 黄油软化备用。将除黄油以外的所有材料放入面包机桶内。

2. 启动第1个和面程序，面团揉至表面光滑状，可拉出较厚的膜时，加入软化的黄油。

3. 启动第2个和面程序，程序结束后，检查面团状况，如果可以拉出透明薄膜，说明面团已揉至完全阶段。

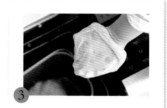
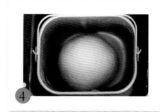

4. 将面团收圆，放回面包机桶内，进行基础发酵。

5. 面团发酵至八分满。

6. 启动烘烤模式，烘烤40分钟后面包呈金黄色，取出晾凉即可。

黄油蒜砖

材料

吐司 适量
蒜瓣 15克
无盐黄油 40克
盐 少许
欧芹碎 少许

做法

1. 吐司切成厚块，大蒜碾成蒜泥备用。

2. 黄油软化，用打蛋器搅打顺滑后加入蒜泥、盐和欧芹碎，搅拌均匀。

3. 用毛刷给吐司块四周涂抹上蒜蓉黄油。

4. 放入预热好的烤箱，用180℃烘烤至表面金黄即可。

都说蜂蜜是美容佳品，
放到面包里会不会一举多得呢?

胡萝卜吐司

材料

高筋面粉 350 克

即发干酵母 3.5 克

盐 4 克

奶粉 10 克

细砂糖 40 克

蛋液 40 克

胡萝卜原汁 130 克

胡萝卜泥 70 克

无盐黄油 30 克

做法

1 胡萝卜切小丁，加水，放入搅拌机内搅打，过滤出胡萝卜汁备用。

2 将蒸熟的胡萝卜捣成胡萝卜泥备用。

3 将除黄油以外的所有材料放入面包机桶内。

①

②

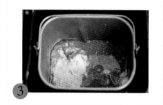
③

④

⑤

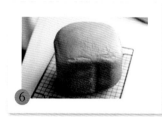
⑥

4 启动第 1 个和面程序，面团揉至表面光滑状，可拉出较厚的膜，加入软化的黄油；启动第 2 个和面程序，程序结束后，检查面团状况，如果可以拉出透明薄膜，说明面团已揉至完全阶段。

5 将面团收圆，放回面包机桶内，进行基础发酵，面团发酵至原来的 2~2.5 倍大。

6 启动烘烤模式，烘烤40分钟后，面包呈金黄色取出晾凉即可。

简易鸡蛋芝士三明治

材料

胡萝卜吐司 2片

芝士片 1片

鸡蛋 1个

植物油 少许

做法

1 锅内倒少许植物油烧热，将鸡蛋煎熟备用。

2 平底锅里不加植物油，放入吐司片，开小火干煎至两面金黄。

3 干煎好的吐司上铺一片芝士，再铺上煎好的鸡蛋，盖上另外一片吐司，切块装盘。

做面包习惯了添加鸡蛋、牛奶等常
用的辅料，今天试试胡萝卜吧，
胡萝卜含胡萝卜素较多，多吃对眼睛有好处。

咖啡淡奶油吐司

材料

高筋面粉 310克

低筋面粉 40克

奶粉 18克

牛奶 115克

淡奶油 90克

即发干酵母 4.5克

盐 4克

细砂糖 45克

蛋液 40克

速溶咖啡粉 7克

无盐黄油 30克

做法

 黄油软化备用。将除黄油以外的所有材料放入面包机桶内。

 启动第1个和面程序，面团揉至表面光滑状，可拉出较厚的膜，加入软化的黄油；启动第2个和面程序，程序结束后，检查面团状况，如果可以拉出透明薄膜，说明面团已揉至完全阶段。

 将面团收圆，放回面包机桶内，进行基础发酵。面团发酵至原来的2~2.5倍大。

 启动烘烤模式，烘烤40分钟后，面包呈金黄色，取出脱模晾凉即可。

"喝"咖啡与"吃"咖啡，
有什么不同吗？

鲜奶油吐司

材料

高筋面粉 350 克
细砂糖 50 克
盐 4 克
蛋黄 35 克
即发干酵母 4 克
淡奶油 175 克
牛奶 70 克
无盐黄油 35 克

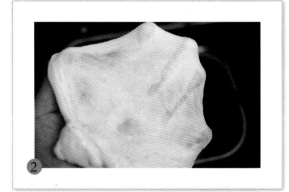

做法

1 黄油软化备用。先倒入淡奶油，再将除黄油以外的所有材料放入面包机桶内。

2 启动第1个和面程序，面团揉至表面光滑状，可拉出较厚的膜，加入软化的黄油；启动第2个和面程序，程序结束后，检查面团状况，如果可以拉出透明薄膜，说明面团已揉至完全阶段。

3 将面团收圆，放回面包机桶内，进行基础发酵，面团发酵至原来的2~2.5倍大。

4 启动烘烤模式，烘烤40分钟后面包呈金黄色，取出脱模晾凉即可。

很柔软的一款吐司，
淡淡的鲜奶油香味，
直接吃或者抹点草莓酱都不错哦。

香蕉吐司

香蕉号称"南国四大果品之一"，用来做面包，是不是也可以清肠胃、治便秘、清热润肺呢？

面料

高筋面粉 350 克
细砂糖 50 克
盐 5 克
奶粉 12 克
即发干酵母 4 克
蛋液 35 克
牛奶 35 克
水 55 克
香蕉泥 105 克
无盐黄油 35 克

做法

装饰材料 葵花籽仁 适量　蛋液 适量

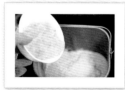

1 黄油软化备用。将除黄油以外的所有面料放入面包机桶内，再加入捣碎的香蕉泥。

2 启动第1个和面程序，面团揉至表面光滑状，可拉出较厚的膜，加入软化的黄油；启动第2个和面程序，程序结束后，检查面团状况，如果可以拉出透明薄膜，说明面团已揉至完全阶段。

3 将面团收圆，放回面包机桶内，进行基础发酵，面团发酵至原来的2~2.5倍大时，刷蛋液，撒上葵花籽仁。

4 启动烘烤模式，烘烤40分钟后，面包呈金黄色，取出脱模晾凉即可。

 小贴士 香蕉要选用熟透的香蕉，再用勺子碾压成香蕉泥即可。

柠檬吐司

没想到小小的柠檬皮会有如此大的"威力"，添加少许，大个头顿时充满柠檬香味。

材料

高筋面粉	280 克
低筋面粉	70 克
奶粉	18 克
炼乳	30 克
细砂糖	35 克
盐	4 克
即发干酵母	4 克
蛋清	54 克
水	170 克
无盐黄油	40 克
柠檬皮	1/2 个

做法

1 将黄油软化；柠檬皮擦成屑备用。

2 将除黄油以外的所有材料放入面包机桶内。

3 启动第 1 个和面程序，面团揉至表面光滑状，可拉出较厚的膜，加入软化后的黄油。

4 启动第 2 个和面程序，和面程序结束，面团光滑有弹性。

5 进行基础发酵，面团发酵至原来的 2~2.5 倍大。

6 启动烘烤模式，烘烤 40 分钟后，面包呈金黄色，取出脱模晾凉即可。

可可巧克力豆吐司

材料

高筋面粉	350 克	可可粉	20 克
即发干酵母	4 克	细砂糖	42 克
盐	4 克	奶粉	14 克
蛋液	42 克	水	180 克
无盐黄油	35 克	耐烘烤巧克力豆	50 克

颗颗饱含巧克力浓郁香味
的豆子, 在面团里尽情翻滚
的同时也将美味留在了这里。

做法

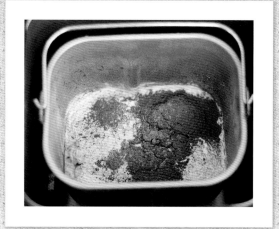

1

黄油软化备用。将除黄油和巧克力豆以外的所有材料放入面包机桶内。

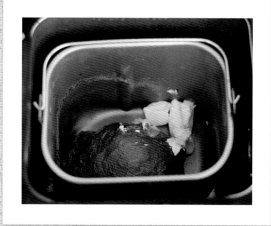

2

启动第1个和面程序，程序结束后，面团揉至表面光滑状，可拉出较厚的膜，加入软化的黄油。

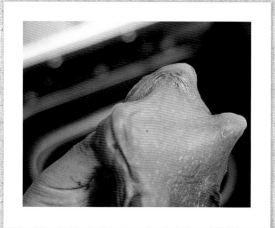

3

启动第2个和面程序，程序结束后，检查面团状况，如果可以拉出透明薄膜，说明面团已揉至完全阶段。

4

加入巧克力豆，启动第3个和面程序。

1~2 分钟后，巧克力豆被完全揉进面团中，和面结束。

进行基础发酵，面团发酵至原来的 2~2.5 倍大。

启动烘烤模式，烘烤 40 分钟后，面包呈金黄色。

取出脱模晾凉即可。

葡萄干炼奶吐司

材料

高筋面粉 350 克
即发干酵母 4 克
盐 4 克
细砂糖 45 克
蛋液 35 克
炼乳 35 克
牛奶 190 克
无盐黄油 35 克
葡萄干 70 克

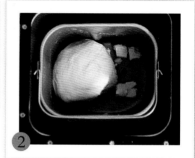

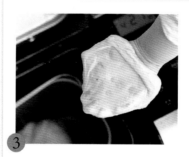

做法

1 黄油软化备用。将除黄油和葡萄干以外的所有材料放入面包机桶内。

2 启动第 1 个和面程序，程序结束后，面团揉至表面光滑，可拉出较厚的膜，加入软化的黄油。

3 启动第 2 个和面程序，程序结束后，取一小块面团，如果可以拉出透明薄膜，说明面团揉至完全阶段。

4 加入葡萄干，启动第 3 个和面程序，1~2 分钟后，葡萄干被完全揉入面团中，和面结束。

5 进行基础发酵，面团发酵至原来的 2~2.5 倍大。

6 启动烘烤模式，烘烤 40 分钟后，面包呈金黄色，取出脱模晾凉即可。

葡萄干果然很给力，
做成的吐司颜色很漂亮，
出炉时着实让我有些惊讶！

全麦黑芝麻吐司

黑芝麻富含脂肪、蛋白质、糖类、维生素A、维生素E、卵磷脂、钙、铁、铬等营养成分，难怪人们都喜欢用它来做面包呢。

材料

高筋面粉 310 克

全麦面粉 40 克

细砂糖 42 克

奶粉 15 克

蛋液 35 克

水 175~190 克（酌情添加）

即发干酵母 4 克

无盐黄油 30 克

炒熟黑芝麻 40 克

做法

1 黄油软化备用。将除黄油和黑芝麻以外的所有材料放入面包机桶内。

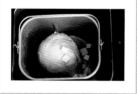

2 启动第1个和面程序，程序结束后，面团揉至表面光滑，可拉出较厚的膜，加入软化的黄油。

3 启动第2个和面程序，程序结束后，取一小块面团，如果可以拉出透明薄膜，说明面团揉至完全阶段。

4 加入黑芝麻，启动第3个和面程序，1~2分钟后，黑芝麻被完全揉入面团中，和面结束。

5 进行基础发酵，面团发酵至原来的2~2.5倍大。

6 启动烘烤模式，烘烤40分钟后，面包呈金黄色，取出脱模晾凉即可。

黑麦核桃吐司

干嚼吃核桃,味道确实浓郁,但是总觉得少了些什么,不如把核桃放进面包里,期待一个不一样的惊喜吧。

材料

高筋面粉 250 克

黑麦面粉 100 克

细砂糖 45 克

盐 5 克

蛋液 44 克

水 195 克

无盐黄油 30 克

核桃碎 80 克

即发干酵母 4.5 克

做法

1

黄油软化备用。将糖、盐、蛋液、水、黑麦面粉倒入面包机桶内,搅拌均匀后再加入高筋面粉和酵母。

2

启动第1个和面程序,程序结束后,面团揉至表面光滑,可拉出较厚的膜,加入软化的黄油;启动第2个和面程序,程序结束后,检查面团状况,如果可以拉出透明薄膜,说明面团已揉至完全阶段。

3

加入核桃碎,启动第3个和面程序,1~2分钟后,核桃碎被完全揉入面团中,和面结束。

4

进行基础发酵,面团发酵至原来的2~2.5倍大。

5

启动烘烤模式,烘烤40分钟后,面包呈金黄色,取出脱模晾凉即可。

香橙吐司

以前吃完橙子，就会把皮呀、籽呀无情地扔进垃圾箱，现在看来，自己是浪费了多好的面包辅料呢。

材料

高筋面粉 350 克
即发干酵母 3.5 克
细砂糖 42 克
盐 4 克
奶粉 14 克
蛋液 43 克
水 180 克
无盐黄油 35 克
糖渍橙皮丁 100 克

做法

1
黄油软化备用。将除黄油和糖渍橙皮丁以外的所有材料放入面包机桶内。

2
启动第 1 个和面程序，程序结束后，面团揉至表面光滑，可拉出较厚的膜，加入软化的黄油；启动第 2 个和面程序，程序结束后，检查面团状况，如果可以拉出透明薄膜，说明面团揉至完全阶段。

3
加入糖渍橙皮丁，启动第 3 个和面程序，1~2 分钟后，糖渍橙皮丁被完全揉入面团中，和面结束。

4
进行基础发酵，面团发酵至原来的 2~2.5 倍大。

5
启动烘烤模式，烘烤 40 分钟后，面包呈金黄色，取出脱模晾凉即可。

枫糖蜜豆吐司

无论是切开面包还是掰开面包，都会发现粒粒小蜜豆无序地待在那里，怎么有种如获至宝的感觉呢。

材料

高筋面粉	350 克
即发干酵母	4 克
枫糖浆	70 克
盐	5 克
奶粉	14 克
水	208 克
无盐黄油	28 克
蜜豆	80 克

做法

1

黄油软化备用。将除黄油和蜜豆以外的所有材料放入面包机桶内。

2

启动第1个和面程序，程序结束后，面团揉至表面光滑，可拉出较厚的膜，加入软化的黄油；启动第2个和面程序，程序结束后，检查面团状况，如果可以拉出透明薄膜，说明面团已揉至完全阶段。

3

加入蜜豆，启动第3个和面程序，1~2分钟后，蜜豆被完全揉入面团中，和面结束。

4

进行基础发酵，当面团发酵至原来的2~2.5倍大时。启动烘烤模式，烘烤40分钟后，面包呈金黄色，取出脱模晾凉即可。

花生牛奶吐司

小灰灰很喜欢吃花生豆，所以家里总能见到花生豆的影子，今天我将她的花生豆藏在了大个头面包里，会不会被发现呢？

材料

高筋面粉 350 克
即发干酵母 4 克
细砂糖 50 克
盐 4 克
蛋液 40 克
牛奶 180 克
无盐黄油 35 克
熟花生碎 60 克

做法

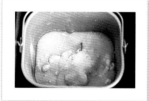

1 黄油软化备用。将除黄油和熟花生碎以外的所有材料放入面包机桶内。

2 启动第1个和面程序，程序结束后，面团揉至表面光滑，可拉出较厚的膜，加入软化的黄油；启动第2个和面程序，程序结束后，检查面团状况，如果可以拉出透明薄膜，说明面团已揉至完全阶段。

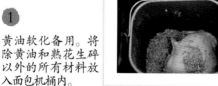

3 加入熟花生碎，启动第3个和面程序，1~2分钟后，熟花生碎被完全揉入面团中，和面结束。

4 进行基础发酵，面团发酵至原来的2~2.5倍大。启动烘烤模式，烘烤40分钟后，面包呈金黄色，取出脱模晾凉即可。

什锦果干麦片吐司

据说早餐吃麦片的女性更苗条、男性更健康，做成面包也一样吧。

材料

高筋面粉	350	克
即发干酵母	4.5	克
细砂糖	50	克
盐	4	克
蛋液	42	克
牛奶	180	克
无盐黄油	35	克
什锦果干麦片	80	克

做法

1 黄油软化备用。将除黄油和什锦果干麦片以外的所有材料放入面包机桶内。

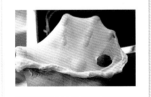

2 启动第1个和面程序，程序结束后，面团揉至表面光滑，可拉出较厚的膜，加入软化的黄油；启动第2个和面程序，程序结束后，检查面团状况，如果可以拉出透明薄膜，说明面团已揉至完全阶段。

3 加入什锦果干麦片，启动第3个和面程序，1~2分钟后，什锦果干麦片被完全揉入面团中，和面结束。

4 进行基础发酵，面团发酵至原来的2~2.5倍大。

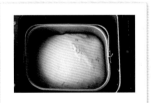

5 启动烘烤模式，烘烤40分钟后，面包呈金黄色，取出脱模晾凉即可。

糙米黑糖吐司

做好面包后，为了给它拍张美美的照片，大中午的我提着它来到了公园。

材料

糙米饭 60克
高筋面粉 350克
即发干酵母 4.5克
黑糖 50克
盐 4克
蛋液 42克
牛奶 180克
无盐黄油 35克

做法

① 黄油软化备用。将黑糖装入保鲜袋中，用擀面杖碾碎备用。

② 将除黄油和糙米饭以外的所有材料放入面包机桶内。

③ 启动第1个和面程序，程序结束后，面团揉至表面光滑，可拉出较厚的膜，加入软化的黄油；启动第2个和面程序，程序结束后，检查面团状况，如果可以拉出透明薄膜，说明面团已揉至完全阶段。

④ 加入糙米饭，启动第3个和面程序，1~2分钟后，糙米饭被完全揉入面团中，和面结束。

⑤ 进行基础发酵，面团发酵至原来的2~2.5倍大。

⑥ 启动烘烤模式，烘烤40分钟后，面包呈金黄色，取出脱模晾凉即可。

伯爵红茶吐司

据说伯爵红茶是西方最受欢迎的茶品之一，那用它做出来的吐司会不会也很"欧美范儿"呢？

材料

高筋面粉 350 克
即发干酵母 4 克
细砂糖 42 克
盐 4 克
奶粉 14 克
蛋液 43 克
伯爵红茶碎 4 克
伯爵红茶 2 包
牛奶 200 克
无盐黄油 35 克

做法

1 将 200 克牛奶加 2 包伯爵红茶煮沸后关火，盖上锅盖闷 15 分钟后，捞出红茶包不要，将做好的奶茶放凉备用。

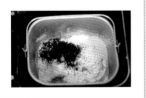

2 将高筋面粉、即发干酵母、细砂糖、盐、奶粉、蛋液、伯爵红茶碎放入面包机桶内。

3 加入 180 克放凉的奶茶。

4 启动第 1 个和面程序，面团揉至表面光滑状，可拉出较厚的膜，加入软化的黄油；启动第 2 个和面程序，程序结束后，检查面团状况，如果可以拉出透明薄膜，说明面团已揉至完全阶段。

5 将面团收圆，放回面包机桶内，进行基础发酵，面团发酵至原来的 2-2.5 倍大。

6 启动烘烤模式，烘烤 40 分钟后，面包呈金黄色，取出脱模晾凉即可。

奶酪吐司

面料

高筋面粉 350 克

细砂糖 40 克

盐 3.5 克

即发干酵母 4 克

蛋液 35 克

牛奶 190 克

奶油奶酪 50 克

无盐黄油 25 克

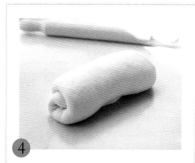

装饰材料

蛋液 少许

杏仁片 适量

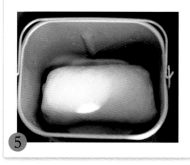

做法

① 黄油软化备用。将除黄油以外的所有面料放入面包机桶内。

② 启动第 1 个和面程序，面团揉至表面光滑状，可拉出较厚的膜，加入软化的黄油；启动第 2 个和面程序，程序结束后，检查面团状况，如果可以拉出透明薄膜，说明面团已揉至完全阶段。

③ 将面团滚圆后盖上保鲜膜松弛 15 分钟。

④ 用擀面杖将面团擀成椭圆形，翻面后卷起，松弛 10 分钟。

⑤ 将面团卷放入面包机桶内，进行二次发酵。

⑥ 二次发酵完成后，刷上蛋液，撒上杏仁片。

⑦ 启动烘烤模式，烘烤 40 分钟后，面包呈金黄色，取出脱模晾凉即可。

就工艺而言，奶酪是发酵的牛奶；
就营养而言，奶酪是浓缩的牛奶。

蔓越莓吐司

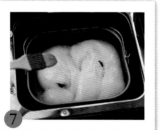

材料

高筋面粉 310 克

蛋液 36 克

即发干酵母 3.5 克

盐 3 克

细砂糖 45 克

水 84 克

牛奶 74 克

无盐黄油 40 克

蔓越莓干 50 克

做法

1 黄油软化备用。将除黄油和蔓越莓干以外的所有材料放入面包机桶内。

2 启动第 1 个和面程序，程序结束后，面团揉至表面光滑，可拉出较厚的膜，加入软化的黄油。

3 启动第 2 个和面程序，程序结束后，检查面团状况，如果可以拉出透明薄膜，说明面团已揉至完全阶段。

4 加入蔓越莓干，启动第 3 个和面程序，1~2 分钟后，蔓越莓干片被完全揉入面团中，和面结束。

5 取出面团，分成二等份，盖上保鲜膜松弛 10 分钟。

6 分别将 2 个面团分成三等份，搓成长条，编成辫子，团成绣球状，放入面包机桶内。

7 进行基础发酵，面团发至原来的 2~2.5 倍大后，在表层刷上一层蛋液。

8 启动烘烤模式，烘烤 40 分钟后，面包呈金黄色，取出脱模晾凉即可。

小贴士

1 如果有时间，可以进行二次发酵，就是加入蔓越莓果干后，即开始发酵，发到原来的 2~2.5 倍大后，将面团取出来按压排气，然后松弛 10 分钟，再进行编辫子整形的步骤。

2 也可以不整形，直接将面团团成圆形，进行发酵烘烤，或者也可以像常规吐司那样擀卷。

看着面包层层的波浪，我真心想
变成拇指姑娘睡在上面啊。

第二篇

明星吐司超简单

来做几款最常用的馅吧

自从买了面包机，跟着薄灰的"谱"子，
有事没事做几款面包来吃吃，
真心发现其实做面包没有那么难的，
今天，增加难度，继续做起来吧……

part 1

嘿嘿，加个香浓甜蜜的馅儿

part 2

好健康的杂粮蔬菜吐司

来做几款最常用的馅吧

枣泥馅

红枣 300 克 细砂糖 适量 无盐黄油少许

紫薯馅

紫薯 150 克 糖粉 20 克 无盐黄油 30 克

花生酱

花生米 适量 细砂糖 适量 花生油 适量

苹果肉桂馅

苹果 1 个 细砂糖 60 克 水 75 克 肉桂粉 少许

蜜红豆

红豆 300 克 细砂糖 70 克 水 适量

沙拉酱

蛋黄 1 个 植物油 225 克 白醋 25 克 糖粉 25 克

比萨酱

番茄 300 克 大蒜 3 瓣 黄油 20 克 洋葱 60 克
盐 1 小勺 黑胡椒粉 1 小勺 比萨草 1 小勺
罗勒 1/2 小勺 糖 1 小勺 番茄沙司 2 大勺 水 100 毫升

樱桃果酱

樱桃 600 克 白砂糖 60 克
冰糖 100 克 柠檬 1/2 个

苹果果酱

苹果 2 个 柠檬 1/2 个 白砂糖 150 克

肉松

瘦肉 300 克（猪后腿肉） 料酒 1 小勺
生抽酱油 1 勺 白糖 1 勺 盐 1 勺 姜 2 片 葱 2 根

自制面包糠

老式面包吐司 2 片

奶黄馅

无盐黄油 35 克 鸡蛋 2 个 小麦淀粉 35 克
奶粉 60 克 牛奶 85 克 细砂糖 30 克

枣泥馅

材料

红枣 300 克
细砂糖 适量
无盐黄油 少许

做法

1 红枣洗净去核, 放入锅中, 加入足量的清水, 中火煮30分钟。

2 将煮好的红枣放在筛网上, 过滤出枣皮渣, 用勺子碾压出枣泥。

3 将做好的枣泥倒入不粘锅中, 加少许黄油, 中火加热翻炒, 炒至水分收干。

4 根据枣泥的甜度加少许糖调味即可。

紫薯馅

材料

紫薯 150 克
糖粉 20 克
无盐黄油 30 克

做法

1 紫薯去皮切块, 放入蒸锅里隔水蒸熟, 用勺子碾压成泥。

2 将紫薯泥倒入锅中, 加入黄油和糖粉。

3 中小火翻炒至黄油和糖粉被吸收, 水分稍收干, 放凉后即可。

花生酱

材料

花生米　适量
细砂糖　适量
花生油　适量

做法

① 花生米洗净晾干，倒入锅中，不放油，小火翻炒至熟。

② 将炒熟的花生米加适量细砂糖放入搅拌机中。

③ 启动搅拌机，将花生米搅打成粉末状，然后再加入适量花生油做引子，继续搅打一会儿即可。

苹果肉桂馅

材料

苹果　1个
细砂糖　40克
水　75克
肉桂粉　少许

做法

① 苹果去皮后切成小丁，与糖、水一起放入锅中。

② 大火煮开后转成小火煮至水分蒸发，苹果馅变干。

③ 将煮好的苹果馅盛出，拌上肉桂粉，拌匀放凉即可。

蜜红豆

材料

红豆 300 克
细砂糖 70 克
水 适量

做法

1. 提前将红豆用清水浸泡 4 个小时以上。

2. 锅内加水，水要没过红豆，大火煮沸后倒掉锅里的水，然后重新加清水，大火煮开后转小火加盖焖煮 40 分钟。

3. 加入细砂糖拌匀，继续焖煮至水分收干，豆子软烂即可。

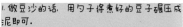

 小贴士

1. 做豆沙的话，用勺子将煮好的豆子碾压成泥即可。
2. 第一遍煮沸的水倒掉不要，可以去除豆腥味，煮出来的红豆口感更好。
3. 如果水分收的不够干，可以将压好的豆沙放入锅中翻炒至水分收干即可（炒的时候可以再加一些植物油，豆沙吃起来口感更顺滑）。
4. 如果用高压锅来煮红豆，水量没过红豆约 1 厘米，上气后小火压 20 分钟左右。

沙拉酱

材料

蛋黄 1 个　　植物油 225 克
白醋 25 克　　糖粉 25 克

做法

1. 蛋黄、糖粉倒入碗里，用打蛋器搅打至蛋黄体积膨胀，颜色变浅，呈浓稠状。

2. 倒入少许植物油，继续用打蛋器搅打，使植物油和蛋黄完全融合。

3. 蛋黄糊开始变得黏稠，继续倒入少量植物油，并不停地打发至融合。

4. 当蛋黄糊变得浓稠难打的时候加少量的白醋搅打（我分了 3 次加完所有白醋）。

5. 完成加白醋的步骤后，继续重复加油的步骤，如果蛋黄糊又变得浓稠难打，再添加少许白醋，当蛋黄糊变成乳白色，就说明沙拉酱做好啦。

 小贴士

1. 这里所用的植物油，可以选择玉米油、葵花籽油、非转基因大豆油等，只要避免使用像花生油、调和油、橄榄油这种味道比较重的油。
2. 可以用柠檬汁来代替白醋，这样味道更清香。
3. 加油搅打的时候一定要少量多次加入，这样能更好地让油和蛋黄乳化成功。
4. 做好的沙拉酱放入干净的瓶子里冷藏保存，可以用来拌沙拉、做肉松面包等。

比萨酱

材料

番茄 500 克
大蒜 3 瓣
黄油 20 克
洋葱 60 克
盐 1 小匙
黑胡椒粉 1 小匙
比萨草 1 小匙
罗勒 1/2 小匙
糖 1 小匙
番茄沙司 2 大勺
水 100 毫升

做法

1. 番茄洗净后去皮切小丁，洋葱切小丁，大蒜拍碎切成末。

2. 锅烧热，放入黄油烧至熔化，再放入洋葱和大蒜，翻炒出香味后放入番茄丁，大火翻炒。

3. 炒出汁水以后，加入番茄沙司翻炒均匀。

4. 倒入 100 毫升清水、少许黑胡椒粉、糖、比萨草、罗勒，翻炒均匀，盖锅盖熬煮 20 分钟左右。

5. 煮至快成酱时大火收稠汁，加少许盐拌匀即可。

1.用不掉的比萨酱可冷藏保存，但最好在 3 天内用完。
2.解冻后的比萨酱会比以前水分多一些，可以再适当煮一下，减少水分后使用。
3.比萨酱只需煮干一点，防止烤比萨时出水。

樱桃果酱

材料

樱桃 600 克
白砂糖 40 克
冰糖 100 克
柠檬 1/2 个

做法

1. 提前将樱桃用淡盐水浸泡 20 分钟，然后冲洗干净备用。

2. 将樱桃的蒂和果核去掉。

3. 加入白砂糖，拌匀腌 1 小时，再挤入柠檬汁。

4. 锅内倒入冰糖，大火烧开，撇去浮沫后转中小火慢慢熬至黏稠即可（煮时要时不时地搅拌一下，防止粘锅）。

5. 玻璃容器用开水烫一下，晾干后，将熬好的果酱装入瓶中冷藏保存。

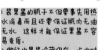

1.装果酱的瓶子不但要事先用热水消毒而且还要保证瓶内无油无水，这样才能保证果酱不容易变质。
2.做好的果酱冷藏保存，吃的时候用干净、无油无水的勺子挖取。

苹果果酱

材料

苹果 2 个
柠檬 1/2 个
白砂糖 150 克

做法

1. 苹果洗净后去皮和核，切成小丁，用淡盐水浸泡 10 分钟。

2. 将苹果丁放入锅中，小火翻炒至苹果丁稍变软。

3. 将炒软的苹果丁放入搅拌机中，搅打成苹果泥，再次倒入锅中，加入白砂糖，挤入柠檬汁。

4. 中小火煮至稍冒泡的状态，然后转小火继续煮至水分收干。

5. 装入用开水烫过的、无油无水的容器中冷藏保存

1.如果希望果酱更黏稠一些，可以加一点水淀粉，或者加一点点糖。
2.除了搭配吐司一起食用外，还可以将果酱冲调成饮料。

肉松

材料

猪瘦肉 300克（猪后腿肉）
料酒 1小匙
生抽酱油 1匙
白糖 1匙
盐 1匙
姜 2片
葱 2段
植物油 适量

小贴士

调味料也可以稍加改善，若是做给孩子吃，可以根据孩子口味添加一些芝麻或海苔；若做给大人吃，可以根据个人口味添加一些孜然粉、五香粉、芝麻等。

做法

1 将猪瘦肉切成约4厘米长的厚片，放入水中汆烫去血水。

2 汆烫后的肉块捞起洗净，再将肉放入锅中，加入姜片、葱段，将肉煮成一压就散开的状态。

3 将肉块放入保鲜袋内，用擀面杖压散，再用手和叉子耐心地将其撕成肉丝。

4 面包机桶内抹少许植物油，将肉丝倒入面包机桶内，加入生抽酱油、白糖、盐、料酒。启动"肉松"程序，机器不断翻炒并加热。

5 肉松程序结束后，观察肉松成色，炒到金黄褐色即可。

自制面包糠

材料

老式面包吐司 2片

做法

1 将面包边切掉不用。

2 将无边面包切成小丁放入锅里，用小火将面包丁炒至干硬的状态。

3 将炒干的面包丁放凉，装入保鲜袋中，用擀面杖碾压成碎屑即可。

奶黄馅

材料

无盐黄油 35克
鸡蛋 2个
小麦淀粉 35克
奶粉 40克
牛奶 85克
细砂糖 50克
面粉 35克

做法

1 黄油软化后加糖搅打至顺滑的状态，加入蛋液搅拌均匀，然后倒入牛奶搅拌均匀。

2 将面粉、小麦淀粉、奶粉混合筛入蛋奶面糊中搅拌均匀。

3 搅好的蛋黄面糊放入蒸锅上，蒸锅里加水烧开后用小火蒸，边蒸边搅拌，直到蛋黄面糊由稀稠状态变为类似小疙瘩的黏稠状态即可关火。

酒渍葡萄干肉桂卷

面料

高筋面粉 300 克
低筋面粉 75 克
细砂糖 37 克
盐 4 克
即发干酵母 4.5 克
蛋液 55 克
牛奶 187 克
无盐黄油 55 克

馅料

黄油 适量
细砂糖 70 克
肉桂粉 2 小匙
葡萄干 50 克
百利甜酒 50 毫升

如此细腻的面包组织，看
上去比烘焙店里的还要好
呢，赶紧尝尝味道如何吧。

做法

 将葡萄干用百利甜酒浸泡30分钟。
黄油加热熔化备用。

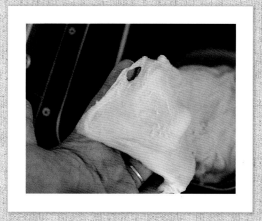

2 将除黄油以外的所有面料放入面包机桶内，启动
第1个和面程序，和面程序结束后，面团揉至表面
光滑状，可拉出较厚的膜，加入软化的黄油。

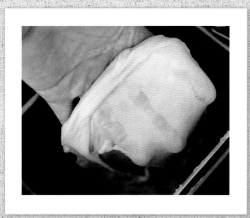

3 启动第2个和面程序，和面程序结束后，面团
揉至光滑状，检查面团状况，轻轻抻开，如果可
以拉出透明薄膜，并且薄膜上还有小气泡，说
明面团已揉至完全阶段。

4 进行基础发酵，面团发酵至原来的2~2.5倍大。

取出发酵好的面团，
用手掌按压排气，滚
圆后松弛15分钟。

 将肉桂粉和糖拌匀，做成肉桂糖。将松弛好的面团擀成正方形薄面片，刷上薄薄一层融化的黄油，再铺上肉桂糖和葡萄干。

❼ 从上往下卷起，切成四等份，切面朝上，排放在面包机桶内。

 二次发酵至八分满。

❾ 启动烘烤模式，烘烤45分钟后，面包呈金黄色，脱模后再刷一次融化的黄油，晾凉即可。

 如果没有百利甜酒，朗姆酒也可以的。如果都没有的话，直接用葡萄干，味道也不错哦。

豆沙吐司

材料

高筋面粉 280 克
低筋面粉 70 克
细砂糖 34 克
盐 4 克
即发干酵母 4 克
牛奶 210 克
无盐黄油 35 克

做法

1. 根据前文提示，提前做好豆沙馅备用。

2. 将除黄油和豆沙馅以外的所有材料放入面包机桶内，启动第1个和面程序，面团揉至表面光滑状，可拉出较厚的膜，加入软化的黄油；启动第2个和面程序，将面团揉至完全阶段。

3. 基础发酵至原来的2~2.5倍大。

4. 取出发酵好的面团排气，滚圆后松弛15分钟，将松弛好的面团擀成椭圆形。

5. 翻面后，均匀地抹上豆沙馅，从上往下卷成卷，并再次擀长，翻面后卷起。

6. 用刀将面团从中间一切为二，切面朝上排放在面包机桶内。

7. 二次发酵至八分满。

8. 启动烘烤模式，烘烤约45分钟至面包金黄色，取出脱模晾凉即可。

1

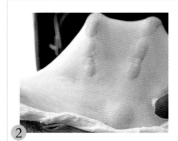
2

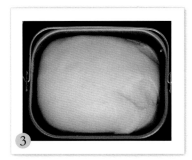
3

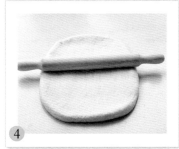
4

5

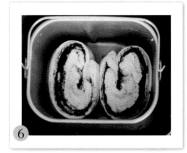
6

7

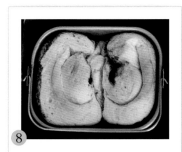
8

加个馅儿，不只是加了一道程序，
也加了一种味道。

椰蓉吐司

面料

高筋面粉 350 克
细砂糖 42 克
蛋液 45 克
盐 3 克
即发干酵母 4 克
奶粉 12 克
牛奶 200 克
无盐黄油 42 克

馅料

黄油 25 克
糖粉 25 克
蛋液 25 克
牛奶 25 克
椰蓉 50 克

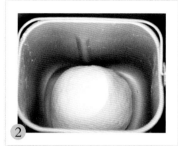

做法

1 将馅料中的黄油软化后加入糖粉，用打蛋器顺一个方向搅打至顺滑状态，分2次加入蛋液，搅打均匀后加入牛奶，搅打至顺滑状，然后加入椰蓉，椰蓉馅就做好了。

2 面料中的黄油软化备用。将除黄油和椰蓉馅以外的所有面料放入面包机桶内，启动第1个和面程序，面团揉至表面光滑状，可拉出较厚的膜，加入软化的黄油；启动第2个和面程序，将面团揉至完全阶段。

3 基础发酵至原来的2~2.5倍大，取出发酵好的面团排气，滚圆后松弛15分钟。

4 将松弛好的面团擀成椭圆形面片，翻面后铺上椰蓉馅，从一侧卷起，纵向从中间切开，留顶部一小部分不要切开。

5 切面向上，将两股面团扭成8字形，两端捏紧，排放在面包机桶内。

6 二次发酵至八分满。

7 启动烘烤模式，烘烤40分钟后，面包呈金黄色，脱模晾凉即可。

给面包造个"8"字形，烘烤出来，
表面有点波浪起伏的感觉呢。

苹果肉桂吐司

材料

高筋面粉 350 克
盐 4 克
即发干酵母 4 克
细砂糖 35 克
无盐黄油 40 克
蛋液 40 克
水 195 克

做法

1 根据前文提示，提前做好苹果肉桂馅备用。

2 黄油软化备用。将除黄油和苹果肉桂馅以外的所有材料放入面包机桶内。

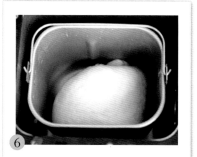

3 启动第 1 个和面程序，和面程序结束后，面团揉至表面光滑，能拉出较厚的膜，加入软化的黄油；启动第 2 个和面程序，和面程序结束后，面团揉至完全阶段。

4 基础发酵至原来的 2~2.5 倍大。

5 取出发酵好的面团排气，排气后松弛 15 分钟，再用擀面杖擀成长方形面片，铺上少许苹果肉桂馅。

6 将面片一侧向中间折叠，铺上苹果肉桂馅，再将面片另一侧向中间折叠，铺上苹果肉桂馅，将面片两端对着卷起，放入面包机桶内，进行最后发酵。

7 发酵结束，刷蛋液，启动烘烤程序，烘烤时间为 40 分钟，烘烤结束立刻脱模，放在晾网上放凉即可。

家里平时炖肉会放些肉桂来提味，
今天做成苹果肉桂馅，
"炖炖"面包吧。

抹茶红豆吐司

材料

高筋面粉 350 克
细砂糖 38 克
盐 4 克
即发干酵母 4 克
奶粉 18 克
牛奶 185 克
蛋液 35 克
无盐黄油 40 克
抹茶粉 10 克
水 1 小匙

做法

1 根据前文提示，提前做好蜜红豆馅备用。

2 黄油软化备用。将除黄油和蜜红豆馅以外的所有材料放入面包机桶内。

3 启动第1个和面程序，面团揉至表面光滑状，可拉出较厚的膜，加入软化的黄油；启动第2个和面程序，将面团揉至完全阶段。

4 抹茶粉用少许水调匀，取出2/3揉好的面团，加入抹茶液揉匀。

5 将两份面团放在温暖处进行基础发酵，发酵至原来的2~2.5倍大。

6 取出发酵好的面团排气，滚圆后松弛15分钟。

7 将松弛好的抹茶面团擀成椭圆形面片，再将白面团擀成椭圆形面

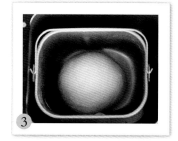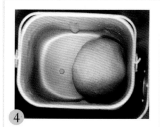
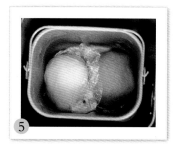

片铺在抹茶面片上，铺上蜜红豆，从上往下卷起，放入面包机桶内。

8 二次发酵至八分满，启动烘烤模式，烘烤约40分钟后，脱模晾凉即可。

走过绿绿的"草原"，
爬过白白的"雪山"，
终于找到了红红的"宝石"。

蜜红豆吐司

材料

高筋面粉 350 克

细砂糖 35 克

即发干酵母 4 克

盐 4 克

牛奶 45 克

水 125 克

蛋液 85 克

无盐黄油 35 克

白芝麻 适量

做法

1. 根据前文提示，提前做好蜜红豆馅备用。

2. 黄油软化备用。将除黄油和蜜红豆馅以外的所有材料放入面包机桶内（预留少许蛋液）。

3. 启动第 1 个和面程序，程序结束，面团揉至表面光滑状，可拉出较厚的膜，加入软化的黄油；启动第 2 个和面程序，程序结束后，面团揉至完全阶段。

4. 将面团收圆，放回面包机桶内，进行基础发酵，发酵至原来的 2~25 倍大。

5. 将发酵好的面团取出，按压排气，松弛 15 分钟。

6. 将面团擀成椭圆形，翻面后铺上蜜红豆，卷起，放入面包机桶内进行二次发酵。

7. 二次发酵结束，刷上蛋液，撒上白芝麻。

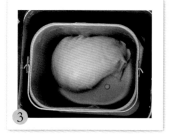

8. 将面包机桶外围包上一层锡纸，启动烘烤模式，烘烤 40 分钟至面包表面金黄色，取出脱模，晾凉即可。

 小贴士 这款面包含水量偏高，可以根据面粉吸水性和当地空气潮湿程度适当增减水量。加水时稍留一些，不要全部加完，和面时捏一捏面团，根据面团软硬程度再增减水量。

傻傻的个头, 切成面包片, 不用
抹酱, 尽管直接吃好啦。

田园肉松吐司

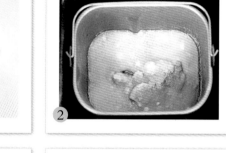

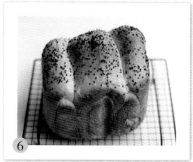

材料

高筋面粉 280 克
低筋面粉 70 克
细砂糖 55 克
蛋液 42 克
即发干酵母 4 克
盐 4 克
奶粉 14 克
水 195~210 克
（酌情增减）
无盐黄油 30 克
黑芝麻 适量

做法

1 根据前文提示，提前做好肉松备用。

2 黄油软化备用。将除黄油和肉松以外的所有材料放入面包机桶内（预留少许蛋液）。

3 启动第 1 个和面程序，面团揉至表面光滑状，可拉出较厚的膜，加入软化的黄油；启动第 2 个和面程序，揉至完全阶段，基础发酵至原来的 2~2.5 倍大。

4 取出发酵好的面团排气，分割成三等份，滚圆后松弛 15 分钟后，擀成椭圆形，翻面后，从上往下卷起，盖上保鲜膜松弛 15 分钟。

5 再次将面团擀长，铺上肉松，从上往下卷成卷，依次处理好 3 个面包坯，排放在面包机桶内。

6 二次发酵至八分满，刷上蛋液，撒上黑芝麻，启动烘烤模式，烘烤约 45 分钟至面包呈金黄色，取出脱模晾凉即可。

条条肉丝呈杂乱状钻进"大个头"心里，
而这会掀起悠闲、舒畅的田园波浪吗?

巧克力大理石吐司

巧克力片材料

黑巧克力 50 克
无盐黄油 20 克
高筋面粉 20 克
可可粉 10 克
玉米淀粉 5 克
牛奶 60 克
糖 20 克
蛋清 1 个

面料

高筋面粉 350 克
糖 60 克
酵母 4 克
奶粉 12 克
盐 3 克
蛋液 42 克
牛奶 175 克
无盐黄油 35 克

做法

1 将巧克力片材料中的黄油和巧克力分别融化，然后混合高筋面粉、可可粉、玉米淀粉、牛奶、糖，拌匀，再加入蛋清拌匀。小火边加热边搅拌，煮到黏稠能脱离容器壁的状态后铺在保鲜膜上，擀成 18 厘米×18 厘米大小的正方形片。

2 将面料中的黄油软化备用。将除黄油和巧克力片以外的所有面料放入面包机桶内。

3 启动第 1 个和面程序，面团揉至表面光滑状，可拉出较厚的膜，加入软化的黄油；启动第 2 个和面程序，程序结束，面团揉至完全阶段。

4 基础发酵至原来的 2~2.5 倍大，取出面团排气后松弛 10 分钟，擀成长方形；把巧克力片放在擀开的面片上，用面片将巧克力片包起；捏紧接缝处，擀开。

5 将左右两端向中间折，做第一次三折，松弛 10 分钟后，擀开，做第二次三折，三折两次后擀开，将面片纵向切开，顶端留少许不要切断。

6 将切开后的面片编成辫子状。

7 将辫子包放入吐司盒中。

8 二次发酵至八分满，启动烘烤模式，烤约 45 分钟至面包呈金黄色，取出脱模晾凉即可。

浓浓的巧克力,真的是美味。
虽然外表看起来粗犷,
但是人家内心很柔软的哦。

全麦枣泥鲜奶吐司

材料

高筋面粉 320 克

全麦面粉 30 克

牛奶 185 克

蛋清 84 克

细砂糖 35 克

盐 4 克

即发干酵母 4.5 克

无盐黄油 35 克

做法

1

根据前文提示，提前做好枣泥馅备用。

2

黄油软化备用。将除黄油和枣泥馅以外的所有材料放入面包机桶内，启动第 1 个和面程序，面团揉至表面光滑状，可拉出较厚的膜，加入软化的黄油；启动第 2 个和面程序，将面团揉至完全阶段。

3

进行基础发酵，发酵至原来的 2~2.5 倍大。

4

取出发酵好的面团进行排气，然后分割成六等份，滚圆后松弛 15 分钟。

5

将松弛好的面团擀扁，包入枣泥馅，捏紧收口，收口朝下排放在面包机桶内，二次发酵至八分满。

6

启动烘烤模式，烘烤约 40 分钟至面包呈金黄色，取出脱模晾凉即可。

奶黄吐司

材料

高筋面粉 315 克
低筋面粉 35 克
细砂糖 45 克
蛋液 35 克
盐 4 克
即发干酵母 4.5 克
奶粉 14 克
水 190 克
无盐黄油 40 克

做法

1
根据前文提示，提前做好奶黄馅备用。

2
黄油软化备用。将除黄油和奶黄馅以外的所有材料放入面包机桶内，启动第1个和面程序，面团揉至表面光滑状，可拉出较厚的膜，加入软化的黄油。

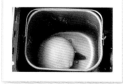

3
启动第2个和面程序，将面团揉至完全阶段。

4
进行基础发酵，面团发酵至原来的2~2.5倍大。

5
取出发酵好的面团，分割成三等份，盖上保鲜膜松弛15分钟。

6
将松弛好的面团擀成椭圆形，铺上奶黄馅，捏紧收口处。

7
依次将3个面团都包上奶黄馅，编成辫子状，放在面包机桶内。

8
二次发酵至八分满，刷上蛋液，启动烘烤模式，烘烤40分钟后，面包呈金黄色，脱模晾凉即可。

双色紫薯豆沙吐司

面料
高筋面粉 210克
牛奶 88克
即发干酵母 3克
蛋清 56克
无盐黄油 24克
糖 28克
盐 2克

馅料
糖粉 40克
低筋面粉
奶粉 3克
无盐黄油 40克

紫薯面料
高筋面粉 200克
紫薯 70克
牛奶 90克
即发干酵母 3克
蛋液 24克
无盐黄油
糖 25克
盐 2克

两种颜色，两种味道，双重奇迹般的享受。

白面团做法

小贴士 将馅料中的糖粉、低筋面粉、奶粉混合拌匀，加入无盐黄油，用手搓成细小颗粒，做成奶酥粒备用。

1

依次将牛奶、蛋清、糖、盐、高筋面粉、即发干酵母倒入面包机桶内，注意糖和盐分别倒在两个角落里，而且添加液体的时候最好预留 10 克左右，根据面团的吸水性适量增减水量。

2

黄油软化备用，启动第 1 个和面程序。和面时不盖盖子，防止机器在和面时使温度升高而影响面团。

3

和面程序结束，检查面团状况。用手慢慢抻开面团，这时面团可以抻开，但是不太容易抻得很薄，抻得稍微薄一点就会被扯出裂洞，并且裂洞边缘是毛糙的。

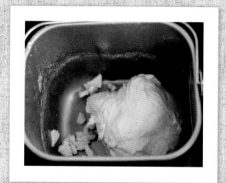

4

这时可以加入软化的黄油了。

5

启动第 2 个和面程序，和面程序结束，检查面团状况，用手慢慢抻开面团，这时候面团已经可以抻开一层坚韧的薄膜，用手指捅破，破洞边缘光滑。白面团做好备用。

紫薯面团做法

1. 紫薯去皮切块蒸熟，放凉后和牛奶混合放入搅拌机内，搅打成牛奶紫薯泥。

2. 将牛奶紫薯泥倒入面包机桶内，再加入蛋液、糖、盐。

3. 黄油软化备用，根据白面团和面程序完成紫薯面团第1个和第2个和面程序。

4. 将白面团和紫薯面团用保鲜膜隔开，放入面包机桶内，启动发酵程序，时间为2小时。

5. 发酵结束，面团发酵至原来的2~2.5倍大。

6. 将发酵好的面团取出，用手按压以排出面团内空气，将白面团和紫薯面团分别分割成2个面团，滚圆后松弛10分钟。

7. 根据前文提示，做好豆沙馅备用。

8. 取一份紫薯面团，用擀面杖擀成椭圆形，再将白面团擀开，覆盖在紫薯面团上，抹上红豆沙，卷起来，放入面包机桶内。

9. 进行二次发酵，发酵至原来的2~2.5倍大，然后表面刷一层蛋液，撒上奶酥粒。

10. 选择烘烤程序，上色选择"中"，时间设定为40分钟，烘烤至面包表面呈金黄色即可脱模。

红糖亚麻籽吐司

小小的红棕色果实，却带有浓厚的坚果风味，用来做面包，真是独具匠心。

材料

高筋面粉 280 克
低筋面粉 70 克
红糖 70 克
蛋液 40 克
即发干酵母 4 克
盐 4 克
奶粉 15 克
水 210 克
无盐黄油 30 克
亚麻籽 20 克

做法

1

锅里不放油，放入亚麻籽，小火炒熟，再放入搅拌机内搅打成粉，然后与 20 克红糖混合拌匀，做成亚麻籽红糖粉备用。

2

黄油软化备用。将除黄油和亚麻籽红糖粉以外的所有材料放入面包机桶内。

3

启动第 1 个和面程序，面团揉至表面光滑状，可拉出较厚的膜，加入软化的黄油；启动第 2 个和面程序，将面团揉至完全阶段。

4

进行基础发酵，将面团发酵至原来的 2~25 倍大。

5

取出发酵好的面团排气，滚圆后松弛 15 分钟，用擀面杖擀成椭圆形，翻面后，均匀地撒上亚麻籽红糖粉，从上往下卷起，捏紧两端放入面包机桶内。

6

二次发酵至八分满，刷上蛋液，启动烘烤模式，时间设为 40 分钟，烘烤结束，取出晾凉即可。

小贴士 亚麻籽炒熟后再食用，口感会更香。

黑芝麻粉吐司

材料

高筋面粉 320 克
低筋面粉 30 克
黑芝麻粉 40 克
淡奶油 100 克
水 165 克
细砂糖 55 克
盐 3.5 克
无盐黄油 30 克
即发干酵母 4.5 克

做法

1

黄油软化备用。将除黄油以外的所有材料放入面包机桶内。

2

启动第 1 个和面程序，面团揉至表面光滑状，可拉出较厚的膜，加入软化的黄油；启动第 2 个和面程序，将面团揉至完全阶段，进行基础发酵，发酵至原来的 2~2.5 倍大。

3

基础发酵结束后，将面团分成三等份，滚圆后盖上保鲜膜松弛 15 分钟。

4

取一个面团，擀成椭圆形，翻面后卷起，松弛 10 分钟，再次擀开，翻面后压薄底边卷起。依次做好剩下的 2 个面团。

5

将面团放入面包机桶内，进行二次发酵。

6

启动烘烤模式，烘烤 40 分钟后，面包表面呈金黄色即可脱模。

土豆吐司

材料

土豆泥 70 克
高筋面粉 350 克
水 120 克
蛋液 70 克
细砂糖 55 克
奶粉 21 克
盐 2 克
即发干酵母 4 克
无盐黄油 30 克

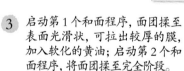

做法

1 土豆去皮切片蒸熟，用勺子碾压成土豆泥备用。

2 黄油软化备用。将除黄油以外的所有材料放入面包机桶内。

3 启动第 1 个和面程序，面团揉至表面光滑状，可拉出较厚的膜，加入软化的黄油；启动第 2 个和面程序，将面团揉至完全阶段。

4 进行基础发酵。面团发酵至原来的 2~2.5 倍大。

5 取出发酵好的面团，分割成三等份，盖上保鲜膜松弛 15 分钟，将松弛好的面团擀成椭圆形，翻面后卷起，再次松弛 15 分钟，再次擀开，从上往下卷成卷。

6 将卷好的面包坯从中间一切为二，排放在面包机桶内，进行二次发酵，发酵至八分满，刷蛋液。

7 启动烘烤模式，烘烤 40 分钟，至面包呈金黄色，脱模晾凉即可。

小贴士

每个人蒸的土豆泥水分含量可能有些许差别，所以水量要酌情添加。

据说土豆具有防癌、抗癌、
延缓衰老的作用，还能美
容和增强免疫力。

紫米吐司

材料

高筋面粉 350 克
紫米稀饭 237 克
即发干酵母 4.5 克
细砂糖 30 克
盐 4 克
无盐黄油 25 克

做法

1　50 克紫米用清水浸泡一夜，加足量清水熬煮成紫米稀饭，取 237 克放凉备用。

2　黄油软化备用。将除黄油以外的所有材料放入面包机桶内。

3　启动第 1 个和面程序，面团揉至表面光滑状，可拉出较厚的膜，加入软化的黄油；启动第 2 个和面程序，将面团揉至完全阶段。

4　进行基础发酵，面团发酵至原来的 2~2.5 倍大。

5　取出发酵好的面团排气，分割成二等份，滚圆后盖上保鲜膜，松弛 15 分钟。

6　将松弛好的面团擀成椭圆形，翻面后，将两边向中间对折，从上往下卷起。

7　将卷好的面团排放在面包机桶内，进行二次发酵，二次发酵结束后，启动烘烤模式，40 分钟后烘烤结束，脱模晾凉即可。

有着"药谷"之称的紫米，
味道香，口感糯，
做出来的面包也很独特。

豆浆燕麦吐司

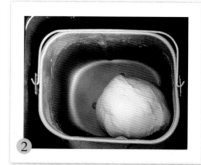

材料

高筋面粉 350 克

豆浆 225 克

细砂糖 40 克

盐 4 克

即发干酵母 4 克

无盐黄油 35 克

即食燕麦片 50 克

做法

① 黄油软化备用。将除黄油以外的所有材料放入面包机桶内。

② 启动第 1 个和面程序，面团揉至表面光滑状，可拉出较厚的膜，加入软化的黄油；启动第 2 个和面程序，将面团揉至完全阶段。

③ 加入即食燕麦片，启动第 3 个和面程序，2 分钟后燕麦片被充分揉入面团中，然后进入基础发酵，面团发酵至原来的 2~2.5 倍大。

④ 取出发酵好的面团排气，分割成二等份，滚圆后松弛 15 分钟。

⑤ 将松弛好的面团擀成椭圆形，翻面后，从一侧卷起，卷成长条状，扭成麻花状，放入面包机桶内。

⑥ 二次发酵至八分满，启动烘烤模式，烘烤约 40 分钟至面包呈金黄色，取出脱模晾凉即可。

做面包，用来和面的液体可以是清水，也可以是牛奶，还可以是豆浆。

小麦胚芽吐司

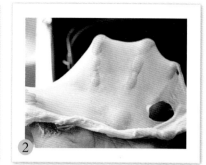

材料

高筋面粉 350 克
细砂糖 20 克
盐 5 克
牛奶 245 克
即发干酵母 4 克
无盐黄油 35 克
小麦胚芽 35 克
蛋液 适量

做法

① 黄油软化备用。将除黄油和小麦胚芽以外的所有材料放入面包机桶内。

② 启动第 1 个和面程序，面团揉至表面光滑状，可拉出较厚的膜，加入软化的黄油；启动第 2 个和面程序，将面团揉至完全阶段。

③ 加入小麦胚芽（预留少量稍后做装饰用），启动第 3 个和面程序，1~2 分钟后，小麦胚芽被完全揉入面团中，和面结束。

④ 进行基础发酵，面团发酵至原来的 2~2.5 倍大。

⑤ 取出发酵好的面团，分割成三等份，滚圆后盖上保鲜膜松弛 15 分钟。

⑥ 将松弛好的面团擀成椭圆形，翻面后将上下两端向中间对折，再次松弛 15 分钟，翻面后再次擀长，从上往下卷成卷，排放在面包机桶内。

⑦ 二次发酵至八分满，刷上蛋液，撒上小麦胚芽，启动烘烤模式，烘烤 40 分钟后，面包呈金黄色，脱模晾凉即可。

胚芽可是小麦生命的根源，是小麦中营养价值最高的部分哦。

南瓜吐司

材料

高筋面粉 350 克
蒸熟的南瓜泥 150~175 克
水 77 克
酵母 3.5 克
蛋液 42 克
盐 3 克
细砂糖 42 克
无盐黄油 40 克
南瓜子仁 20 克

做法

1 南瓜去皮切块后放入锅里蒸熟，然后用勺子碾压成南瓜泥，放凉备用。

2 黄油软化备用。将除黄油以外的所有材料放入面包机桶内。

3 启动第 1 个和面程序，面团揉至表面光滑状，可拉出较厚的膜，加入软化的黄油；启动第 2 个和面程序，将面团揉至完全阶段。

4 进行基础发酵，面团发酵至原来的 2~2.5 倍大。

5 取出发酵好的面团，分割成三等份，滚圆后盖上保鲜膜松弛 15 分钟。

6 将松弛好的面团用擀面杖从中间向上下两端擀开，然后翻面后卷起来，松弛 10 分钟，再次擀开，翻面后卷起，排放在面包机桶里。

7 二次发酵至八分满，刷上蛋液，撒上南瓜子仁。

8 启动面包机烘烤程序，烘烤 35~40 分钟至面包表面呈金黄色，用手指按压表皮后能立刻回弹，取出晾凉即可。

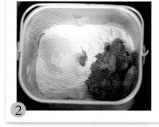

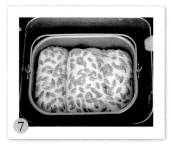

 蒸锅里蒸熟的南瓜泥和用微波炉蒸熟的南瓜泥比起来水分含量不一样，而且不同的南瓜，含水量也有些许差别，所以加南瓜泥时注意调节水量。

南瓜在我家可是非常受欢迎的瓜菜之一，
不过做成粥呀饼呀的很常见，今天用它来
做吐司，大胆尝试，才能收获更多。

玉米吐司

材料

高筋面粉 300 克

低筋面粉 50 克

甜玉米粒 100 克

无盐黄油 35 克

细砂糖 45 克

盐 4 克

即发干酵母 4 克

蛋液 52 克

水 185 克

奶粉 18 克

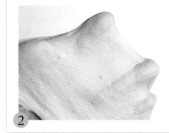

做法

1 黄油软化备用。将除黄油、甜玉米粒以外的所有材料放入面包机桶内。

2 启动第 1 个和面程序，面团揉至表面光滑状，可拉出较厚的膜，加入软化的黄油；启动第 2 个和面程序，面团揉至完全阶段。

3 加入玉米粒，启动第 3 个和面程序，1~2 分钟后，玉米粒被揉入面团中，和面结束。

4 进行基础发酵，发酵至原来的 2~2.5 倍大。

5 取出发酵好的面团排气，分割成三等份，滚圆后盖上保鲜膜松弛 15 分钟。

6 将松弛好的面团擀成椭圆形，翻面后卷起，再次松弛 15 分钟，再擀开，翻面后重粉卷起。

7 排放在面包机桶内。二次发酵至八分满。

8 刷上蛋液，启动烘烤模式，烘烤 40 分钟后面包呈金黄色，脱模晾凉即可。

 这里用的是甜玉米粒，将玉米煮熟后用刀顺纹路切下玉米粒也可。

玉米是中国第一大粮食作物，也是
我家最受欢迎的粗粮之一。

紫薯吐司

材料

高筋面粉 350 克
即发干酵母 4 克
细砂糖 45 克
盐 4 克
奶粉 14 克
蛋液 35 克
水 193 克
无盐黄油 35 克

做法

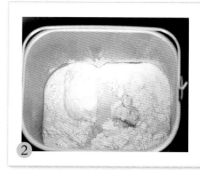

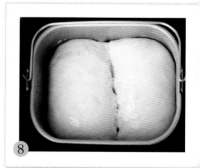

1 根据前文提示，提前做好紫薯馅备用。

2 黄油软化备用。将除黄油和紫薯馅以外的所有材料放入面包机桶内。

3 启动第 1 个和面程序，面团揉至表面光滑状，可拉出较厚的膜，加入软化的黄油；启动第 2 个和面程序，将面团揉至完全阶段。

4 进行基础发酵，面团发酵至原来的 2~2.5 倍大。

5 取出发酵好的面团，分割成二等份，滚圆后盖上保鲜膜松弛 15 分钟。

6 将松弛好的面团擀成椭圆形，翻面后将上下两端向中间对折，再次松弛 15 分钟，翻面后再次擀开，铺上紫薯馅，从上往下卷成卷。

7 排放在面包机桶内，二次发酵至八分满。

8 刷蛋液，启动烘烤模式，烘烤 40 分钟后，面包烤至金黄色，脱模晾凉即可。

白白的面包组织里泛起点点紫韵，
既好看又好吃。

第三篇

超越吐司！当面包机遇上了烤箱

当烘焙菜鸟遇上"Hello! 面包机"，
时复一时，日复一日，
吐司手艺水涨船高，
于是决定大战烤箱，
一直勇敢尝试，收获才会日渐丰富……

黑加仑辫子包

面料

高筋面粉 300 克
细砂糖 70 克
即发干酵母 4 克
盐 5 克
水 130 克
蛋液 50 克
蜂蜜 15 克
无盐黄油 60 克
黑加仑干 适量
百利甜酒 适量

馅料

无盐黄油 50 克
糖粉 50 克
蛋液 50 克
低筋面粉 50 克

有的时候给面包梳个辫子发型，
也能换个味道。

做法

1

将馅料中的黄油软化后，加入糖粉搅打均匀，然后分次加入蛋液搅打均匀，再筛入低筋面粉搅拌均匀，奶酥酱便做好了，装入裱花袋中即可。

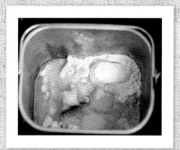

2

黑加仑干用百利甜酒浸泡30分钟备用。

3

黄油软化备用。将除黄油、黑加仑干和百利甜酒以外的所有面料放入面包机桶内。

4

启动第1个和面程序，面团揉至表面光滑状，可拉出较厚的膜，加入软化的黄油；启动第2个和面程序，揉至完全阶段。

5

进行基础发酵，面团发酵至原来的2~25倍大。

6

取出发酵好的面团排气，然后均匀分成9个面团，滚圆后盖上保鲜膜松弛15分钟，然后将面团搓成长条状。

取3根长条编成辫子，依次处理好
所有的面包坯。

烤盘内铺上油纸，放入面包坯。

将面包坯二次发酵至原来的2倍大，
刷上蛋液。

10

将浸泡好的黑加仑干撒在面包坯
上，并挤上奶酥酱。

烤箱190℃预热。

12

中层烘烤15~20分钟至面包表面呈
金黄色即可。

毛毛虫肉松面包

面料

高筋面粉 300克
糖 70克
即发干酵母 4克
盐 5克
水 130克
蛋液 50克
蜂蜜 15克
无盐黄油 60克

馅料

肉松 适量
沙拉酱 适量
蛋液 少许
黑芝麻 适量

做法

1 根据个人口味，参照前文提示，提前做好适量的肉松和沙拉酱备用。

2 黄油软化备用。将除黄油以外的所有面料放入面包机桶内。

3 启动第1个和面程序，面团揉至表面光滑状，可拉出较厚的膜，加入软化的黄油；启动第2个和面程序，将面团揉至完全阶段。

4 进行基础发酵，面团发酵至原来的2~2.5倍大。

5 取出发酵好的面团排气，分成六等份，滚圆后盖上保鲜膜松弛15分钟。

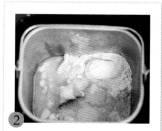
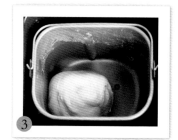

6 将松弛好的面团擀成椭圆形，翻面，拽开椭圆形面饼的两端，擀成长方形，在上端1/3处抹上一层沙拉酱，再均匀撒上肉松，然后在下端约切开6刀，自上而下卷起，捏紧收口处，以免烤的时候裂开。

7 依次将所有的面包整形好，间隔摆入烤盘，放在温暖处二次发酵至2倍大，然后刷蛋液，撒芝麻。

8 烤箱175℃预热，中层烘烤20分钟至面包表面呈金黄色即可。

每次给小灰灰做这款面包，
她都会问我："妈妈，这条毛毛虫为什么不会爬呀。"

蓝莓果酱牛奶排包

材料

高筋面粉 250 克
糖 45 克
盐 3 克
水 110 克
蛋液 25 克
无盐黄油 20 克
即发干酵母 3~5 克
蓝莓果酱 适量

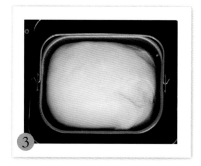

做法

1 黄油软化备用。将除黄油和蓝莓果酱以外的所有材料放入面包机桶内。

2 启动第 1 个和面程序，面团揉至表面光滑状，可拉出较厚的膜，加入软化的黄油；启动第 2 个和面程序，将面团揉至完全阶段。

3 进行基础发酵，面团发酵至原来的 2~2.5 倍大。

4 将发酵好的面团排气，分成八等份，滚圆后盖上保鲜膜松弛 10~15 分钟。

5 分别将松弛好的面团擀成椭圆形，再卷成长条状，全部卷好后放入烤盘中，烤箱内放一小盆热水，二次发酵 40 分钟至原来的 2 倍大，然后刷蛋液，挤上蓝莓果酱。

6 烤箱预热 175℃，烘烤 15~20 分钟至面包表面呈金黄色即可。

多做些排包，
然后竖起来围着蛋糕转一圈，
好像是给蛋糕做了一个栅栏呢。

蔓越莓奶酥包

面料

高筋面粉 440 克
即发干酵母 6 克
细砂糖 70 克
蛋液 70 克
奶粉 20 克
淡奶油 24 克
牛奶 210 克
无盐黄油 40 克

馅料

无盐黄油 120 克
糖粉 50 克
蛋液 40 克
奶粉 120 克
蔓越莓 80 克

装饰材料

蛋液 适量
香酥粒 适量

做法

1 黄油软化后加糖粉打至蓬松发白，分几次加入蛋液搅拌均匀后加入奶粉搅拌均匀，然后加入蔓越莓混合后，略微冷藏一下，使其变硬，奶酥蔓越莓馅就做好了。

2 黄油软化备用。将除黄油和奶酥蔓越莓馅以外的所有面料放入面包机桶内。

3 启动第1个和面程序，面团揉至表面光滑状，可拉出较厚的膜，加入软化的黄油；启动第2个和面程序，将面团揉至完全阶段。

4 进行基础发酵，面团发酵至原来的2~2.5倍大。

5 将发酵好的面团取出排气，分割成十五等份，滚圆后松弛15分钟。

6 取一个面团排气，用手掌压扁，包入奶酥蔓越莓馅，捏紧收口处，以防烤的过程中爆开。依次完成剩余的面团，将面包坯排入烤盘。

7 进行二次发酵，发酵50分钟，刷上蛋液，撒上香酥粒。

8 烤箱180℃预热好，烘烤15分钟左右即可。

西式小馒头，个头虽小，
却蕴藏着浓郁的美味。

脆底小面包

面料

高筋面粉 175 克
低筋面粉 75 克
即发干酵母 3 克
盐 1 克
鸡蛋 1 个
牛奶 100 克
白糖 50 克
泡打粉 2 克
无盐黄油 20 克

装饰材料

白糖 5 克
低筋面粉 10 克
白芝麻 20 克

做法

1 黄油软化备用。面包机桶内依次加入牛奶、鸡蛋、白糖、盐、粉类，最后加入酵母。

2 启动第 1 个和面程序，面团揉至表面光滑状，可拉出较厚的膜，加入软化的黄油；启动第 2 个和面程序，将面团揉至完全阶段。

3 进行基础发酵，面团发酵至原来的 2~2.5 倍大。

4 发酵好后，将面团分割成十二等份，滚圆，松弛 10 分钟。将装饰材料充分混合拌匀，做成白糖芝麻粉备用。

5 取一份面团，擀开，由上往下卷起，继续松弛 10 分钟，再将面团从中切开，用手将切开的面团稍微按扁，将面团切口粘上白糖芝麻粉。

6 烤盘内抹上黄油，将面团铺在烤盘内。

7 放到温暖的地方进行二次发酵，约 30 分钟。

8 烤箱 220℃预热，将面团放入烤箱，烘烤 12 分钟，烤好后立即取出脱模晾凉即可。

 小贴士

烤盘内一定要多抹点油，不然底部不酥脆，也可以用植物油代替黄油。

它最大的特点就是底部脆脆的，
小小的身材，也能有如此坚硬的一面。

金牛角面包

面料

高筋面粉 200克
低筋面粉 100克
细砂糖 50克
盐 1/4 小匙
即发干酵母 2克
泡打粉 1/4 小匙
奶粉 15克
奶酪粉 10克
蛋液 50克
水 90克
无盐黄油 30克

装饰材料

鸡蛋黄 1个
白芝麻 1匙
无盐黄油 30克

做法

1 黄油软化备用。将除黄油以外的所有面料放入面包机桶内。

2 启动第1个和面程序，面团揉至表面光滑状，可拉出较厚的膜，加入软化的黄油；启动第2个和面程序，揉至完全阶段。

3 进行基础发酵，面团发酵至原来的2~2.5倍大。将发酵好的面团放入容器内盖上保鲜膜，松弛20分钟。

4 将松弛好的面团分割成8等份，滚圆后盖上保鲜膜，松弛10分钟。

5 用手将面团揉搓成圆锥状，再擀成长20~25厘米的三角形，在宽的一头中间切开6~7厘米，向两边拉成三角形，再往下卷起来，两角向内弯曲。

6 依次做好其他面团，放入烤盘，松弛40分钟。

7 刷上蛋黄液，并撒上少许白芝麻，放入预热好的烤箱中，175℃烘烤约20分钟，取出刷上融化的黄油。

8 继续烘烤5分钟后再次取出，刷上一层融化的黄油，再烤5分钟左右至面包表面呈金黄色即可。

小贴士

1. 喜欢硬口感的，可以在松弛时间上减半。喜欢软点的，可以再适当延长松弛时间。
2. 最后两遍黄油也可以不刷，但是刷了之后会增香不少。

外貌如此卡通，深得我家小灰灰的欢心，
如果你家也有小朋友，不妨给他试着做哦。

葡萄卷面包

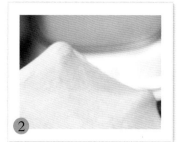

材料

高筋面粉 320 克

葡萄干 80 克

糖 50 克

盐 4 克

即发干酵母 4 克

牛奶 110 克

蛋液 70 克

老面 160 克

无盐黄油 30 克

做法

① 葡萄干用水浸泡 30 分钟后沥干水分。提前将老面从冰箱里拿出来解冻。

② 老面撕成小块，和除黄油以外的所有材料放入面包机桶内。启动第 1 个和面程序，面团揉至光滑状，加入软化的黄油；启动第 2 个和面程序，将面团揉至完全阶段。

③ 基础发酵至原来的 2~25 倍大。

④ 将发好的面团排气，分成二等份，盖上保鲜膜松弛 15 分钟。

⑤ 将面团擀开，铺上泡好的葡萄干，从上而下卷起，切成八等份，收圆后铺在烤盘上。

⑥ 二次发酵成 2 倍大，刷蛋液。

⑦ 烤箱 180℃预热，中层烤 18 分钟至面包表面呈金黄色即可。

小贴士

老面，就是已经发酵过一次的面团。保存时可以用保鲜袋装好放入冰箱冷冻保存，下次使用时提前取出来室温下解冻就可以使用啦。

粒粒葡萄干在细腻的面包组织中翻滚着，
同时也将自己的香味揉了进来。

金枪鱼比萨

面料

高筋面粉 210 克
低筋面粉 90 克
水 195 克
橄榄油 20 克
糖 15 克
即发干酵母 3 克
奶粉 12 克

（可做 2 个 8 寸饼底）

馅料

金枪鱼罐头 1/2 罐
香肠 2 个
马苏里拉芝士 130 克
青彩椒 1 个
自制比萨酱 2 匙

据说金枪鱼可是绿色蔬菜的最佳伴侣，和彩椒一起做成比萨，既好吃又营养。

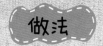

1

根据前文提示，提前做好比萨酱备用。

2

将所有面料放入面包机桶内，启动和面程序，混合所有材料，将面团揉至完全阶段。

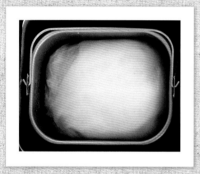

3

进入基础发酵，将面团发酵至原来的2倍大。

4

取出发酵好的面团，按压排出面团内气体。

5

将面团擀成和比萨盘一样大小的面饼。

6

比萨盘刷一层油，铺上面饼，用手按压成四周厚中间薄的饼底。

再用叉子在饼中间叉一些小洞，防止烘烤时膨胀。

面饼室温下发酵20分钟，然后刷上事先熬好的比萨酱。

将青彩椒一半切丁，一半切成青椒圈，香肠切片，马苏里拉芝士刨成丝，金枪鱼取出，将以上馅料全部撒放在面饼上。

烤箱200℃预热，中层烘烤约15分钟即可。

1. 如果购买的是新鲜的金枪鱼，可以提前用黄油煎熟。

2. 烤箱预热的度数因烤箱不同而有差异，所以预热度数可以根据自家烤箱的具体情况进行调整。

3. 面饼刷上比萨酱后也可以稍微撒些芝士，然后再放其他蔬菜。

培根青豆比萨

材料

8寸比萨面饼 1个
培根 3片
青椒 1个
青豆 30克
比萨酱 2汤匙
马苏里拉芝士 150克

做法

1. 根据前文提示，提前做好比萨酱备用。

2. 根据金枪鱼比萨面饼的做法，做好白面饼备用。

3. 将青豆放入沸水锅中焯烫至断生，捞出沥干水分。

4. 青椒分别切成圈和丁，培根切小块备用。

5. 做好的白面饼上用叉子戳一些小洞，防止烘烤时膨胀。

6. 在面饼上抹上比萨酱，铺上部分马苏里拉芝士，再撒上青椒丁、青椒圈、培根块、青豆，最后撒上剩余的马苏里拉芝士。

7. 烤箱预热到200℃，中层烘烤约15分钟至奶酪熔化，面饼微泛金黄色即可。

一款有肉有菜的比萨，
对付爱挑食的人儿最好不过了。

花边鲜虾蘑菇比萨

面料

高筋面粉 140 克

低筋面粉 60 克

水 130 克

橄榄油 13 克

细砂糖 10 克

即发干酵母 3 克

奶粉 10 克

馅料

火腿肠 2 根	虾仁 50 克
黄甜椒 1/4 个	红甜椒 1/4 个
黑橄榄 5 个	口蘑 4 个
自制比萨酱 2 匙	盐 1 茶匙
白胡椒粉 少许	料酒 1 茶匙
马苏里拉芝士 150 克	

做法

1　根据前文提示，提前做好比萨酱备用。

2　将面料放入面包机桶内，启动和面程序，面团揉至完全阶段。

3　进入基础发酵，将面团发酵至原来的 2 倍大。

4　发酵好的面团留五分之一，大面团擀成与比萨盘一样大小的面饼。

5　小面团分成二等份，擀成长面片，将火腿肠包裹住，捏紧收口，切成数个小段，均匀地摆放在比萨面饼四周，再用叉子在面饼中间戳一些小洞，防止其在烘烤时膨胀。

6　面饼室温下发酵 20 分钟，提前将虾仁用少许盐、料酒、白胡椒粉腌制 10 分钟，然后在面饼上刷上事先熬好的比萨酱，撒上少许马苏里拉芝士丝。

7　面饼上铺上口蘑片、腌好的虾仁、黄甜椒丁、红甜椒丁，再铺上黑橄榄，撒上剩下的马苏里拉芝士丝。

8　烤箱预热到 200℃，中层烘烤约 15 分钟即可。

小贴士

在使用水分含量大的蔬菜时，可以先将蔬菜切片放在烤箱里烘烤一会儿，去除多余水分，避免比萨烤制时会出水。

无论比萨切成什么样子，总能看到向
日葵般的花边边。

西葫芦香肠比萨

材料

8寸比萨面饼 1个
西葫芦 1/2 个
香肠 3根
马苏里拉芝士 150克
青甜椒 1/2 个
自制比萨酱 2汤匙

做法

1 根据前文提示，提前做好比萨酱备用。

2 根据金枪鱼比萨中比萨饼的做法来做比萨面饼。

3 比萨盘上刷一层油，铺上面饼，用手按压成四周厚中间薄的饼底，再用叉子在饼中间戳一些小洞，防止其在烘烤时膨胀。

4 面饼室温下发酵20分钟，然后刷上事先熬好的比萨酱。

5 撒上部分马苏里拉芝士丝，铺上切片的西葫芦，再铺上香肠片、青甜椒圈，最后撒上剩下的芝士。

6 烤箱预热到200℃，中层烘烤约15分钟即可。

西葫芦可是公认的保健食品之一，
它可以除烦止渴、润肺止咳，
还能增强身体免疫力。

原味甜甜圈

材料

高筋面粉 250 克	水 125 克
即发干酵母 3.5 克	无盐黄油 25 克
细砂糖 25 克	蛋液 35 克
盐 3 克	奶粉 8 克

甜甜圈好吃的秘密在于如何在短时
间内让甜甜圈完全炸熟。

① 黄油软化备用。将除黄油以外的所有材料放入面包机桶内。

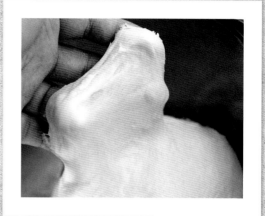

② 启动第1个和面程序，和面程序结束后，面团可以拉出较厚的膜，加入软化的黄油；启动第2个和面程序，将面团揉至完全阶段。

③ 将面团收圆放入盆内，盖上保鲜膜，放在温暖处进行基础发酵，面团发酵至原来的2~2.5倍大。

④ 取出发酵好的面团，按压排气。

5 用擀面杖将面团擀成厚度约为1.5厘米的面片，用甜甜圈模具压出形状。

6 依次做好所有的甜甜圈坯，放在裁好的烘焙油纸上，盖上保鲜膜防止表皮变干。

7 进行二次发酵，面坯明显变大。

8 锅里倒油烧热，放入甜甜圈坯，炸至表面金黄色，捞出控油即可。

巧克力甜甜圈

材料

原味甜甜圈 4个
牛奶巧克力 适量
白巧克力 适量
彩糖 少许
杏仁碎 少许

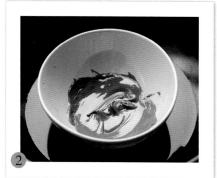

做法

1 根据原味甜甜圈的做法，做好4个甜甜圈备用。

2 将牛奶巧克力放在大碗中隔热水融化。

3 将白巧克力装入裱花袋中，放入温水中浸至巧克力融化。

4 依次将4个原味甜甜圈放入巧克力碗中，蘸上巧克力，撒上杏仁碎。

5 将装有白巧克力的裱花袋，剪一个小口，挤出白巧克力线条来装饰甜甜圈，撒上彩糖即可。

小贴士

1.装巧克力的碗里要没有水，融化巧克力的水温不要超过50℃。
2.装饰甜甜圈的材料可以根据家里现有的材料来选择，也可以随自己的创意做出其他模样的巧克力甜甜圈。

蔓越莓贝果

面料

高筋面粉 250 克
即发干酵母 2.5 克
细砂糖 8 克
盐 5 克
水 140 克
无盐黄油 5 克
蔓越莓 50 克

糖水料

细砂糖 50 克
水 1000 克

HERBS GARDE

做法

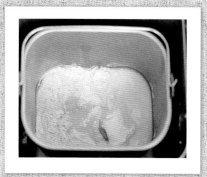

1

黄油软化备用。将除黄油、蔓越莓以外的所有面料放入面包机桶内。

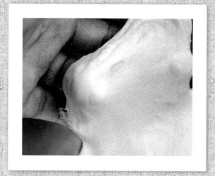

2

启动第1个和面程序，面团揉至表面光滑状，可拉出较厚的膜，加入软化的黄油；启动第2个和面程序，将面团揉至完全阶段。

3

加入蔓越莓，启动第3个和面程序，2分钟后，蔓越莓被完全揉入面团中，和面程序结束。

4

将揉好的面团分成五等份，滚圆后松弛10分钟。

5

取一份松弛好的面团擀成椭圆形，翻面后，将上面1/3向中心折，再将下面1/3向中心折，然后对折。

6

压紧接口处，将面团搓成约25厘米长的长面条，一头用擀面杖压扁。

 7

将长面条卷起来，另一头放在压扁的面片上，用压扁的面片包紧另一头。

 9

进行二次发酵，发酵结束，面团发酵至原来的 2 倍大。

 8

依次处理好所有的面团，将其放在铺好油纸的烤盘上。

 10

将糖放入沸水中煮至熔化，同时将烤箱预热到 200℃，轻轻地将发酵好的贝果面团放入糖水中，每面煮 30 秒。

 11

捞出煮好的贝果面团，沥去水分，排放在烤盘上，立即放入预热好的烤箱内，中层，上下火，烘烤 20 分钟即可。

1. 贝果是一种环状面包，因为制作时需要将制好的面包坯放入热水中焯烫，所以烤好后的贝果外皮脆脆的，而里边却很有嚼劲。
2. 贝果煮好后需要立即放入烤箱烘烤。
3. 吃的时候可以将贝果从中间横切开，搭配自己喜爱的馅料食用，比如火腿、培根、蔬菜、果酱、奶油等。

第四篇

♥

传说中的高手吐司：汤种、液种、中种、起酥和天然酵母

听说天然酵母

汤种、液种、中种……
不知何物，
一字之差，
真是傻傻分不清楚……

听说天然酵母

　　天然酵母与其他微生物一样，存在于自然界中。在我们生活的周围，空气、植物、谷物和水果中都有天然酵母的存在，只要是有糖的环境下都有它的身影，我们需要做的就是将它捕获，用来服务于面包。捕获酵母的途径有很多种，比如从葡萄干、苹果、李子、草莓等中获取；将谷物粉加水混合一段时间后，天然酵母也会慢慢地露出踪迹。

　　用天然酵母制作的面包比一般使用干酵母的面包风味更佳，因为天然酵母由多种菌培养而成，在烘焙时，每一种菌都会散发出不同的香味，让面包的风味更加多样化。而且培养天然酵母的过程并不难，我们需要的就是耐心等待。

　　水果类培养出来的酵种最常用来制作面包，因为糖分和天然酵素是培养酵母的重要营养来源。从葡萄中最容易捕获酵母，并且酵母液活力最强，香气也最受欢迎。下面介绍两种用水果培养的天然酵母。

葡萄干酵母液

培养过程

1. 将玻璃瓶和瓶盖放入沸水锅里煮沸消毒，晾干后装入白开水备用。

2. 将葡萄干和糖装入玻璃瓶里，用干净的筷子搅拌均匀，把瓶子放在26~28℃的环境下培养。

3. 第2天，葡萄干吸足了水分开始膨胀，打开瓶盖，让瓶子里的气体排出来，吸进新鲜的空气，再盖上盖子，轻轻摇晃几下。

4. 第3天有小气泡产生。第4天，小气泡数量增多，几乎每个葡萄干表面都有小气泡，依然每天打开瓶盖摇晃几下。第5天，小气泡越来越多，还能听到"吱吱"的冒泡声，这时可以提取酵母液了。

材料

葡萄干　100 克
细砂糖　10 克
白开水　200 克

葡萄干酵种

培养过程

1. 用消过毒的筛网将葡萄干酵母液过滤出来，取60克葡萄干酵母液与120克高筋面粉混合，揉成面团，放入干净的容器里，喷少许水，放在26~28℃的环境下培养。

2. 大约过8个小时，面团发酵为原来的2倍大就成功了，可以用来做天然酵母了。

材料

葡萄干酵母液　60 克
高筋面粉　120 克

小贴士

1. 培养酵母液最理想的温度是26~28℃，大约3天就可以培养好，如果温度低，酵母液发酵的时间也会延长。
2. 培养酵母的容器要消毒后使用，否则容易发霉。

苹果酵母液

培养过程

1. 将玻璃瓶和瓶盖放入沸水锅里煮沸消毒，晾干后装入白开水备用。

2. 将蜂蜜加入白开水中，用干净的筷子搅拌均匀，再装入苹果块，密封放在26~28℃的环境下培养。

3. 第2天，苹果块开始有点变色，打开瓶盖，让瓶子里的气体排出来，吸进新鲜的空气，再盖上盖子，轻轻摇晃几下。

4. 第3天有小气泡产生。第4天，小气泡越来越多，还能略闻到酒精味。第5天，苹果颜色变黄，摇晃时产生很多泡泡。第6天，泡泡开始变少，可以闻到苹果的香气，但几乎闻不到酒精味了，苹果颜色也变得更深了，酵母液就培养好了。

材料

苹果块 130克
蜂蜜 30克
白开水 300克

苹果酵种

培养过程

1. 取35克苹果酵母液与50克高筋面粉混合，揉成面团，盖上保鲜膜，放在26~28℃的环境下培养。

2. 大约过8个小时，面团膨胀为原来的2倍大就成功了，可以用来做天然酵母了。刚做好的酵种可以马上使用，如果暂时不做面包，可以在发酵到6小时的时候放入冰箱冷藏过夜。

材料

苹果酵母液 35克
高筋面粉 50克

小贴士

苹果不需要去皮，洗净就行了，因为苹果皮中含有的养分也可以帮助发酵。

卡仕达超软吐司

卡仕达酱材料

蛋黄 32 克
细砂糖 16 克
高筋面粉 24 克
鲜奶 105 克

面料

高筋面粉 400 克
细砂糖 48 克
即发干酵母 5 克
奶粉 24 克
水 160 克
盐 3.5
无盐黄油 40 克

装饰材料

蛋液 适量　燕麦片 少许

做好的卡仕达酱
还可以夹在面包里
或者填入泡芙里。

做法

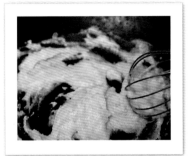

1

将卡仕达酱材料混合搅拌均匀，再用小火边煮边搅成糊状，取出放凉，盖上保鲜膜，冷藏约 60 分钟后，卡仕达酱就做成了。

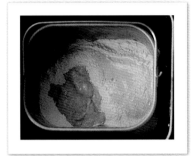

2

黄油软化备用。将除黄油和装饰材料以外的所有的面料和卡士达酱一起放入面包机桶内。

3

启动第 1 个和面程序，面团揉至表面光滑状，可拉出较厚的膜，加入软化的黄油；启动第 2 个和面程序，将面团揉至完全阶段。

4

将揉好的面团收成圆形，面包机桶上盖上保鲜膜或者湿布，启动发酵模式，面团发酵至原来的 2~2.5 倍大，可以用手指蘸面粉戳一个洞，不立刻回缩和塌陷即发好了。

5

取出发酵好的面团，用手掌压扁排去面团内的空气，分割成三等份，滚圆后盖上保鲜膜，松弛约 15 分钟。

6

用擀面杖将松弛好的面团擀成椭圆形，然后翻面从一侧卷起，卷成长条形，捏紧收口。依次做好三根长条，编成辫子形状，放入面包机桶内。

⑦

二次发酵至2倍大小。发酵结束后，表面刷一层蛋液，再撒上适量燕麦片。

⑧

选择烘烤程序，烧色设定为"中"，时间设定为40分钟，烘烤至面包表面呈金黄色，用手指按压一下表皮，可以立刻回弹就烤好了。

小贴士

不同的温度下发酵时间都不一样。天冷的时候，如果2小时发酵模式结束了面还没发好，那么关掉机器，利用余温继续发酵，再过半个小时左右就会发好。天气暖和的时候，1~1.5个小时就可以发好。天气炎热时，可以利用室温发酵，不需要启动机器发酵模式。

金枪鱼三明治

材料

吐司 2片
金枪鱼罐头 适量
沙拉酱 2汤匙
黄瓜 20克
胡萝卜 20克

做法

① 将胡萝卜和黄瓜切成小丁，放入沸水锅里焯烫熟，捞出沥干水分，与金枪鱼混合，加入适量沙拉酱拌匀。

② 吐司切去四边，将拌好的馅料铺在一片吐司上，再盖上另一片吐司，沿对角线切开即可。

老式面包吐司

1

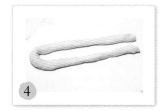
4

2

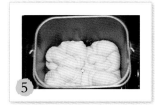
5

3

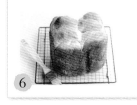
6

酵头材料

高筋面粉 105 克
低筋面粉 45 克
糖 12 克
即发干酵母 3 克
水 120 克

面料

高筋面粉 140 克
低筋面粉 60 克
奶粉 16 克
糖 64 克
盐 1 克
鸡蛋 60 克
水 36 克
黄油 48 克

做法

1
将酵头材料混合均匀，放温暖处发酵至表面成蜂窝状并且微微塌陷。

2
将发酵好的酵头与除黄油以外的所有面料混合。

3
启动和面程序，将面团揉至光滑状，加入软化的黄油；再次启动和面程序，继续揉到扩展阶段。进行基础发酵，发酵至原来的 2 倍大。

4
发酵好的面团无须松弛，直接分成六等份，每一份搓成约 80 厘米长的长条，将长条对折后两端接头处用手按住，左手将面条旋转成麻花状，接头处塞进圆圈里。

5
将做好的面包坯放进面包机桶中，进行二次发酵至八分满。

6
启动烘烤程序，烧色选择"中"，烘烤 38 分钟，烤好后取出面包，刷一层融化的黄油即可。

火腿西多士

材料

吐司面包 2 片
火腿 2 片
奶酪 2 片
鸡蛋 1 个
植物油 1 大匙

做法

1 吐司切去四边备用。

2 在吐司片上盖上一片火腿、奶酪片，再盖上另一片吐司。

3 鸡蛋打散成蛋液放入大碗中，再将吐司放进碗里双面及四边均匀地蘸上蛋液。

4 平底锅倒油烧热，放入吐司片用小火煎，煎至双面金黄色，取出用纸巾吸一下多余的油，沿对角线切开即可。

不只冲着老式面包怀旧的口味，也爱
它像丝绸一样顺滑有质感的表面，还
爱它用手撕着吃的感觉……

朗姆果干吐司

 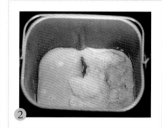

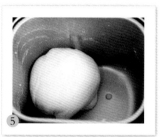 

中种料

高筋面粉 240 克
水 140 克
即发干酵母 2.5 克
盐 1.5 克
奶粉 9 克

面料

高筋面粉 110 克
奶粉 9 克
盐 1.5 克
细砂糖 40 克
蛋液 40 克
即发干酵母 1.5 克
水 35 克
无盐黄油 35 克

馅料

蔓越莓干 30 克
葡萄干 30 克
朗姆酒 适量

做法

1 提前将蔓越莓干和葡萄干用朗姆酒浸泡 1 个小时，用厨房纸巾吸干水分备用。黄油软化备用。

2 将中种料放入面包机桶内，启动和面程序，1 个和面程序结束后，取出中种面团。

3 将中种面团盖上保鲜膜放入冰箱中冷藏 17 小时，发酵至原来的 2~2.5 倍大。

4 将除黄油以外的所有面料放入面包机桶内，再加入撕碎的中种面团。

5 启动和面程序，面团揉至表面光滑状，可拉出较厚的膜，加入软化的黄油；再次启动和面程序揉至完全阶段。

6 将浸泡好的蔓越莓和葡萄干加入揉好的面团中揉匀，并基础发酵至原来的 2~2.5 倍大。

7 取出发酵好的面团排气，分割成三等份，滚圆后松弛 15 分钟。

8 将发酵好的面团擀成椭圆形，翻面后，从上往下卷起，盖上保鲜膜松弛 15 分钟，再次将面团擀长，从上往下卷成卷。

9 依次处理好 3 个面包坯，排放在面包机桶内，二次发酵至八分满。

10 启动烘烤模式，烤约 40 分钟至面包呈金黄色，取出脱模晾凉即可。

小贴士

这款吐司的中种用的是冷藏发酵法，需要提前一天将中种面团放入冰箱里冷藏发酵。

中种纯奶吐司

中种料

高筋面粉 280 克
蛋清 21 克
细砂糖 7 克
即发干酵母 3 克
牛奶 85 克
淡奶油 110 克

面料

蛋清 18 克
细砂糖 35 克
盐 3 克
即发干酵母 1 克

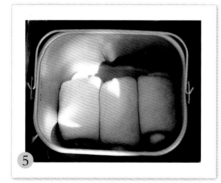

做法

1 将所有的中种料混合，揉成稍具光滑状的面团并发酵至原来的 2~2.5 倍大。

2 将发酵好的中种面团撕碎，和面料混合放入面包机桶内。

3 启动和面程序，揉至完全阶段，松弛 30 分钟。

4 将面团分割成三等份，滚圆后松弛 30 分钟。

5 将面团擀长，卷起，松弛 10 分钟，再次擀长卷起，排放在面包机桶内。

6 二次发酵至八分满，刷蛋液，挤上奶酥酱（奶酥酱做法同黑加仑辫子包）。

7 启动烘烤程序，烘烤 40 分钟，脱模晾凉即可。

手撕包

材料

高筋面粉 270 克

低筋面粉 80 克

即发干酵母 7 克

细砂糖 45 克

蛋液 52 克

盐 4 克

水 143 克

无盐黄油 35 克

片状黄油 175 克

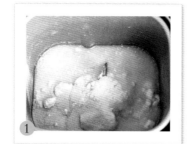

做法

1 将除黄油以外的所有材料放入面包机桶内。

2 启动和面程序，面团揉至表面光滑状，可拉出较厚的膜，加入软化的黄油；再次启动和面程序，面团揉至完全阶段。

3 将面团放入大保鲜袋中擀开，放入冰箱里冷冻 30 分钟，冷冻面团时将稍软化的片状黄油擀成长方形。

4 案板上撒少许高筋面粉，取出冷冻好的面团擀成比黄油片大 2 倍的长方形面片，将擀开的黄油片放在面片中间。

5 将面片两端向内折，包紧黄油片，捏紧接缝处，用擀面杖将面团擀成长方形面片，将左右各 1/3 向中间对折，完成 1 次 3 折，再次擀开，一共完成三次 3 折。

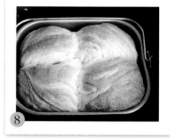

6 将面团擀成约 1 厘米厚的面片，从中间切开，分成两条长面条，将长面条两头向内卷，分别卷成 2 个如意形状。

7 将做好的面包坯放入面包机桶内，在温暖处进行二次发酵，发酵至八分满。

8 启动烘烤程序，45 分钟后面包烤至金黄色，脱模取出即可。

做手撕包和丹麦金砖吐司时，室温最好在 10~20℃ 之间，否则温度太低黄油比较容易变硬，不容易擀开，而温度太高，黄油会容易漏油。

面包可以切成片,
掰成块,撕成条,
那就随心情换着法子吃吧。

丹麦金砖吐司

材料

高筋面粉 270 克
低筋面粉 80 克
即发干酵母 7 克
细砂糖 35 克
盐 4 克
奶粉 10 克
蛋液 52 克
炼乳 18 克
水 143 克
无盐黄油 30 克
片状黄油 160 克

做法

1. 黄油软化备用。将除黄油以外的所有材料放入面包机桶内。

2. 启动和面程序，面团揉至表面光滑状，可拉出较厚的膜，加入软化的黄油；再次启动和面程序揉至完全阶段。

3. 将面团放入大保鲜袋中擀开，放入冰箱里冷冻 30 分钟，冷冻面团时将稍软化的片状黄油擀成长方形。

4. 案板上撒少许高筋面粉，取出冷冻好的面团擀成比黄油片大 2 倍的长方形面片，将擀开的黄油片放在面片中间，将面片两端向内折，包紧黄油片，捏紧接缝处。

5. 用擀面杖将面团顺折的方向擀开，将右端 1/8 向中间折，再将左边 3/8 向中间折去，再对折起来，完成 1 次 4 折。

6. 再次将面团沿顺折的方向擀开，将左右两端 1/3 再次向中间折去，完成 1 次 3 折，再次擀开，切成九等份长条。

7. 取 3 根长条编成麻花辫，将两端向下对折起来。

8. 依次做好 3 份面坯，排放在面包机桶内，放在温暖处进行二次发酵，发酵至八分满。

9. 启动面包机烘烤程序，烘烤 40 分钟后，面包烤至金黄色，脱模取出即可。

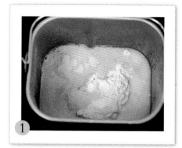

小贴士

1. 面团要冻至与黄油的软硬程度差不多，否则面团太软不容易与黄油一起被擀开。

2. 这个面包用到的片状黄油为动物性黄油，而非人造黄油（玛琪琳），两者相比起来动物性黄油要健康得多。

3. 片状黄油含水量少，所以最适合做酥皮点心。如果没有片状黄油，也可以用普通的动物性黄油，制作前需要擀成片状，最好在20℃以下的室温内操作，防止面团破皮。

全麦朗姆葡萄干液种吐司

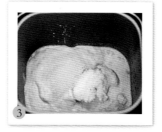

液种料

高筋面粉 103 克
水 103 克
酵母 1 克

面料

高筋面粉 175 克
全麦面粉 70 克
葡萄干 70 克
牛奶 100 克
蛋液 35 克
即发干酵母 3.5 克
细砂糖 70 克
盐 4 克
无盐黄油 35 克

做法

1　将液种材料混合，搅拌均匀至没有干粉的状态，盖上保鲜膜，冷藏发酵16小时，发酵好的液种内部呈蜂窝状，表面有气泡。

2　提前将葡萄干用朗姆酒浸泡1夜，并用厨房纸巾吸干水分。

3　将除黄油和葡萄干以外的所有面料放入面包机桶内。

4　启动和面程序，面团揉至表面光滑状，可拉出较厚的膜，加入软化的黄油；再次启动和面程序，面团揉至完全阶段。

5　将浸泡好的葡萄干加入面团中揉匀。进行基础发酵，面团发酵至原来的2~2.5倍大。

6　取出发酵好的面团，分割成三等份，滚圆后盖上保鲜膜松弛15分钟。

7　将松弛好的面团擀成椭圆形，翻面后卷起，再次松弛15分钟，再次将松弛好的面团擀开，从上往下卷成卷，排放在面包机桶内。

8　二次发酵至八分满，刷上蛋液，启动烘烤模式烘烤40分钟后，面包呈金黄色，脱模晾凉即可。

排排小山，里面蕴藏着牛奶、全麦、葡萄干等好
东西，不相信的话，撕开看看吧。

汤种椰浆吐司

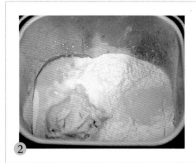

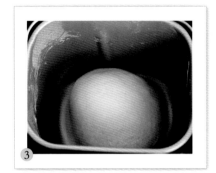

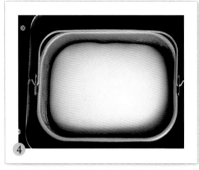

汤种料

高筋面粉 25 克
椰浆 120 克

面料

高筋面粉 325 克
细砂糖 60 克
盐 3.5 克
即发干酵母 4.5 克
蛋液 25 克
牛奶 50 克
椰浆 100 克
椰粉 12 克
奶粉 8 克
无盐黄油 30 克

做法

1 将汤种料混合搅拌均匀，小火边加热边搅拌，煮成糊状时关火，冷藏 1 小时。

2 黄油软化备用。将除黄油以外的所有面料和汤种糊放入面包机桶内。

3 启动和面程序，面团揉至表面光滑状，可拉出较厚的膜，加入软化的黄油；再次启动和面程序揉至完全阶段。

4 进行基础发酵，面团发酵至原来的 2~25 倍大。

5 取出发酵好的面团排气，分割成二等份，滚圆后松弛 15 分钟。

6 将松弛好的面团擀成椭圆形，翻面后，从左往右卷起，盖上保鲜膜松弛 15 分钟，再次擀开，翻面后卷起，放入面包机桶内。

7 二次发酵至八分满，刷上蛋液，启动烘烤模式，烘烤约 40 分钟至面包呈金黄色，取出脱模晾凉即可。

柔软的吐司散发着诱
人的椰香味儿，
不禁让人羡慕起那些
在椰岛生活的人们。

墨蜜西豆哥包

墨西哥糊料

无盐黄油 90 克	糖粉 100 克
蛋液 80 克	低筋面粉 100 克

汤种料

高筋面粉 50 克	开水 50 克

面料

高筋面粉 250 克
细砂糖 30 克
盐 2 克
即发干酵母 3 克
蛋液 40 克
奶粉 12 克
水 108 克
无盐黄油 25 克
蜜红豆 适量

做法

1. 将墨西哥面料中的黄油软化后加入糖粉，搅拌均匀后分 3 次加入蛋液，搅拌均匀后筛入低筋面粉，搅拌至光滑状，墨西哥糊就做好了。将拌好的墨西哥糊装入裱花袋中备用。

2. 将汤种料混合搅拌成团，放凉备用。

3. 将面料中除黄油以外的其他材料和汤种团放入面包机桶内，启动和面程序，面团揉至表面光滑状，可拉出较厚的膜，加入软化的黄油；再次启动和面程序揉至完全阶段。

4. 将面团放置温暖处进行基础发酵，发酵至原来的 2~2.5 倍大。

5. 将发酵好的面团取出排气，分成八至十等份，滚圆，盖上保鲜膜松弛 10 分钟。

6. 取一份面团压扁，包入适量蜜红豆，捏紧收口。

7. 依次包好所有的面包，放入铺了油纸的烤盘中进行二次发酵，时间约为 40 分钟（温度 38℃、相对湿度 85%）。

8. 面团二次发酵完毕，将墨西哥面糊挤在面包坯上，占约 1/3 的面积。

9. 烤箱 180℃预热，中层，上下火烘烤 15 分钟左右至面包表面呈金黄色即可。

小贴士

1. 墨西哥糊只要搅拌均匀即可，不需要过度打发，否则烤好后表面会显得比较粗糙。
2. 最后筛入低筋面粉时要搅拌至光滑状。

好欧美范儿的"中国豆包",虽没有那
十八条褶子,但是味道也不错哦。

汤种北海道吐司

汤种料

高筋面粉 27 克
凉水 110 克

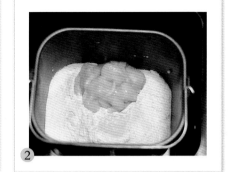

面料

高筋面粉 400 克
细砂糖 64 克
盐 5 克
即发干酵母 4.5 克
蛋液 64 克
淡奶油 45 克
牛奶 45 克
奶粉 15 克
无盐黄油 35 克

做法

1. 将汤种材料混合搅匀，小火加热至面浆糊化，汤种就做好了。盖上保鲜膜放入冰箱中冷藏1小时。

2. 黄油软化备用。将除黄油以外的所有面料和汤种放入面包机桶内。

3. 选择和面程序，面团揉至表面光滑状，加入软化的黄油；再次启动和面程序，揉至完全阶段。

4. 将面团收圆，进行基础发酵，面团发酵为原来的2倍大。

5. 发酵结束后，启动烘烤模式，时间设定为40分钟，烘烤完成，可以看到吐司表皮已经变得金黄。取出面包放在烤网上，晾到手心温度时密封保存即可。

小贴士

我用的是土鸡蛋，所以面团颜色偏黄，成品颜色也偏黄。

加了淡奶油的北海道吐司，
味道太迷人了。

第五篇

意想不到的面包机

用面包机来创造蛋糕奇迹，
用面包机来谱写它的中式人生，
其实，只要我们够勇敢，
面包、蛋糕、馒头、面条……
一切都不在话下！

香杧磅蛋糕

材料

黄油 100 克
低筋面粉 75 克
糖渍杧果丁 50 克
杏仁粉 40 克
鸡蛋 2 个
糖粉 60 克
泡打粉 1.5 克
水果条模具 （13.5*7*4 厘米）两个

口感挺细腻的，味道很不错，有点像妙芙的感觉，又有些杧果的香味。

做法

1

将黄油切成小块，在室温下软化，用打蛋器搅打均匀。

2

加入糖粉，打至黄油发白，体积稍变大。

 3

分3次加入打散的蛋液，并搅打均匀。

4

筛入低筋面粉、泡打粉、杏仁粉，翻拌到无干粉的状态。

5

加入糖渍柠果丁，拌匀。

 6

模具内抹上一层软化的黄油，再筛上面粉，轻轻地磕去多余的面粉。

 将拌好的面糊装入模具内。

 将面包机烤架放置在面包机内，放上模具。

 开启烘烤功能，烘烤时间为40分钟。

 烤好后取出晾凉即可食用。

1. 磅蛋糕可以变化出很多口味，可以按自己的喜好加入坚果、葡萄干、水果丁等。
2. 如果没有面包机烤架的话，可以直接用面包机桶来烤，面包机桶内垫上油纸，材料分量要加倍，同时相应地延长时间。
3. 还可以用纸杯来烤，挑选模具时要注意模具的大小和面包机的比例是否合适。

蔓越莓司康

材料

低筋面粉 150 克
无盐黄油 50 克
细砂糖 40 克
牛奶 70 毫升
蔓越莓 20 克
无铝泡打粉 1 小勺（约 4 克）
盐 1 克

做法

1. 黄油软化备用。将低筋面粉、泡打粉、细砂糖、盐放在容器中混合，加入软化的黄油，用手搓成像面包屑一样的颗粒。

2. 加入蔓越莓、牛奶（预留少许牛奶作刷表面用）。

3. 用橡皮刮刀轻轻地拌成面团，盖上保鲜膜后放入冰箱，冷藏 1 小时。

4. 冷藏好取出，分成八等份，揉成近圆形，用毛刷在司康表层刷一层牛奶。

5. 面包机里放置好烤架，开启烘烤功能，面包机预热 3 分钟后放上司康饼坯，时间设为 43 分钟。

6. 烘烤时间剩余 7 分钟时将司康饼翻面。

7. 烘烤结束后取出即可。

小贴士

1. 司康面团揉好后，在冰箱里冷藏松弛 1 小时，这样泡打粉的作用可以得到充分发挥，再加上烤前用牛奶涂了表层，因此烤出来的司康口感外焦里嫩。
2. 蔓越莓也可以用其他自己喜欢的材料来代替，比如可以将葡萄干事先用朗姆酒浸泡，然后沥去水分后再添加进去；或者加新鲜的蓝莓也非常棒。

加了蔓越莓干，酸酸甜甜，
每一口都有小惊喜。

香蕉蔓越莓玛芬蛋糕

材料

低筋面粉 200 克
细砂糖 80 克
牛奶 40 毫升
香蕉泥 200 克
蔓越莓 20 克
植物油 80 毫升
无铝泡打粉 4 克
小苏打 2 克
鸡蛋 2 个
朗姆酒 1 小匙

做法

1. 鸡蛋打散，加糖搅拌均匀，再加入植物油拌匀。

2. 香蕉用勺子碾压成泥，放入蛋液中拌匀。

3. 依次加入少许朗姆酒、牛奶，搅拌均匀。

4. 低筋面粉、泡打粉、小苏打混合过筛后加入面糊中拌匀，加入蔓越莓，翻拌均匀。

5. 面包机桶里铺上油纸，倒入拌好的香蕉蛋糕糊。

6. 启动烘烤程序，烘烤约 50 分钟后，烤至蛋糕表面呈金黄色，取出脱模晾凉即可。

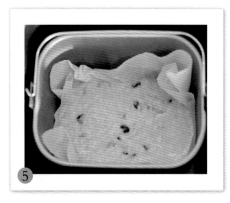

小贴士

可以烤成不同的口味，蓝莓、蜂蜜、肉桂、巧克力口味……

阳光中的下午茶，可以充满玛芬
蛋糕的香味。

布朗尼蛋糕

材料

水果条模具 (13.5*7*4 厘米) 2 个
黑巧克力 70 克
无盐黄油 85 克
蛋液 40 克
牛奶 10 克
细砂糖 70 克
高筋面粉 35 克
黑巧克力碎 15 克
核桃碎 35 克

做法

1 将黄油切成小块，和黑巧克力一起放入容器中，隔水加热至黄油和黑巧克力完全熔化。

2 另取一个容器，磕入鸡蛋，加入细砂糖搅拌均匀。

3 加入牛奶、黄油、黑巧克力液，搅拌均匀。

4 筛入高筋面粉，用刮刀拌均匀。

5 倒入 2/3 核桃碎和黑巧克力碎，翻拌均匀。

6 模具内壁涂抹一层软化的黄油，筛上薄薄一层面粉，再抖掉多余面粉，将拌好的蛋糕糊装入模具至八分满，在上面撒上剩余的 1/3 核桃碎。

7 将面包机烤架放置在面包机内，放上蛋糕模。

8 启动烘烤模式，烘烤 40~50 分钟，烤好后，脱模晾凉，切片食用。

 小贴士

1. 冷藏后食用味道更佳哦。
2. 如果没有水果条模具，也可以将油纸包裹在面包机桶底部，再倒入蛋糕糊烘烤。

做烘焙，无分享不快乐，
美丽的午后，
叫上朋友一起分享吧。

翻转菠萝蛋糕

馅料

菠萝 1/2 个
无盐黄油 30 克
红糖 60 克

面料

低筋面粉 140 克
无铝泡打粉 1 茶匙
鸡蛋 1 个
香草精 1 茶匙
无盐黄油 90 克
细砂糖 90 克
牛奶 62 毫升

做法

1 将馅料中的无盐黄油放入锅中，小火加热至熔化，加入红糖，熬至有气泡的状态，倒入面包机桶内，抹平，放入菠萝片。

2 将面料中的黄油在室温下软化，加入细砂糖搅打均匀。

3 蛋液、香草精混合，分次加入黄油中，搅打均匀。

4 低筋面粉和泡打粉混合，筛一半面粉到黄油中，再加入一半牛奶，翻拌均匀后再筛入剩下的面粉和牛奶，翻拌均匀。

5 将拌好的面糊倒入面包机桶内，抹平表面。

6 用锡纸将面包机桶底包裹住。

7 启动面包机烘烤模式，烘烤时间为 50~60 分钟，烘烤结束脱模晾凉即可。

用小叉子取块蛋糕放进嘴里，
嚼了嚼，原来还有菠萝呀。

自制米酒

材料　糯米 250 克　酒曲 1/2 包

做法

① 糯米浸泡 12 小时，泡至米粒可以用手捻碎的状态，沥干水分备用。

② 蒸锅里铺上纱布，放上沥干的糯米，蒸约 1 小时。

③ 蒸好后将糯米饭盛到干净无油无水的面包机桶中，放凉至 30℃左右，倒入白开水拌匀，撒入酒曲，与糯米混合均匀。

④ 用勺子将糯米表面压平，抹平，中间挖出一凹陷窝。

⑤ 包上保鲜膜，启动面包机米酒功能，程序结束后米酒就做好了。

小贴士

1. 拌酒曲一定要在糯米凉透至 30℃以后。
2. 做酒酿的容器要干净，不能沾生水和油。
3. 酒曲可以在超市购买，我一般常用安琪牌酒曲。
4. 喜欢喝米酒的话，可以在拌酒曲时多加点白开水。发酵好的米酒要放入冰箱冷藏保存，否则米酒会继续发酵，发过头就不好吃了。

酱香猪肉水煎包

面料

中筋面粉 250 克
水 135 克
即发干酵母 3 克
细砂糖 10 克

馅料

猪肉末 200 克
葱 3 根
姜 2 片
料酒 1 汤匙
大酱 1 汤匙
五香粉 1/2 茶匙
蚝油 1/2 汤匙
味精 少许
芝麻油 1/2 汤匙
植物油 适量

做法

1　将所有面料放入面包机桶内。启动和面程序，和面程序结束后，面团揉好，放在温暖处进行基础发酵，发酵至2倍大。

2　以少量多次的方式添加2汤匙清水到肉馅里，用筷子顺一个方向将水分搅进肉馅（当水分没有完全被肉馅吸收时不要继续加水）。水打匀后，肉馅具有黏性，并且颜色变淡，这时加大酱、蚝油、料酒、味精、五香粉后拌匀。

3　再加入葱末、姜末、芝麻油搅拌均匀。

4　取出发酵好的面团按压排气，搓成长条后，用刀切成一个个小剂子，用擀面杖擀成四周薄中间厚的面皮，放上拌好的肉馅。

5　用手指旋转捏出褶子，捏紧收口包好，依次包好所有的包子，盖上保鲜膜醒发30分钟。

6　平底锅里加2汤匙植物油烧热，将醒发好的包子排放在锅中。

7　再将100克水加5克面粉调成面粉水倒入锅中。

8　盖上锅盖，中火焖10分钟至水分收干，撒少许熟芝麻和葱花即可。

做个水煎包，早上贴，中午贴，
晚上也能贴，饿了想贴就贴……

蝴蝶卷儿

材料

面粉 250 克
牛奶 135 克
酵母 3 克

做法

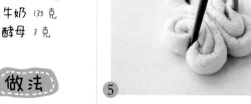

1. 将所有材料放入面包机桶内，启动和面程序，揉成光滑的面团，蒙上保鲜膜，放在温暖处发酵至2倍大。

2. 发酵好后，撒少许面粉，将面团再次揉匀。

3. 将面团分成六等份，分别搓成长条状。

4. 从两端卷起，卷成如图状。

5. 用筷子在圆圈部位中间紧紧地夹起来，蝴蝶翅膀就出来了，再用刀将触须部位切开，蝴蝶馒头造型就做好了。

6. 蒸笼刷少许油，摆放上做好的蝴蝶卷生坯，醒发30分钟。

7. 大火上汽后，转中火蒸12分钟，关火后不要揭开锅盖，继续闷3分钟即可。

自制酸奶

材料

纯牛奶 500 毫升
酸奶发酵剂 1/2 包
白砂糖 适量

做法

1

面包机桶用开水烫一下消毒，然后将牛奶倒入面包机桶中，加入半包酸奶发酵剂。

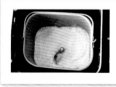

2

启动和面程序，机器开始搅拌，1分钟后关闭和面程序。

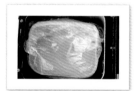

3

用保鲜膜将面包机桶蒙上，启动酸奶程序。

4

8小时后酸奶程序结束，酸奶就做好了。

小贴士

1. 自制的酸奶没有防腐剂，做好后放入冰箱内冷藏，尽量在2日内食用完。
2. 吃的时候可根据个人口味加入白糖、炼乳、蜂蜜或果酱等。
3. 如果没有酸奶发酵剂也可以使用市售的原味酸奶代替发酵剂，500克纯牛奶使用50毫升酸奶即可，也可以每次留一些做好的酸奶作为下次的酸奶发酵剂。
4. 酸奶发酵剂在0℃以下能保存18个月，买回来后记得要放入冰箱保存。

香草蜜桃果酱

材料

蜜桃 4 个
（约 800 克，去皮核后 700 克）
香草豆荚 1/2 根
白砂糖 200 克
柠檬 1/2 个

小贴士

1. 我喜欢带有颗粒感的果酱，所以搅打时间不要过长，保留一些水果丁口感更好。

2. 熬好的果酱趁热装入玻璃瓶中，装八九分满，盖紧瓶盖后倒扣，可以使空气往罐子底部跑，冷却后可以让瓶内形成真空状态，适用存放暂时不食用的果酱，能起到更好的保存作用。

做法

1 将蜜桃洗净去皮切成小丁，加白砂糖、柠檬汁拌匀，蒙上保鲜膜腌 30 分钟以上。

2 用料理机将桃丁和腌出的水分一起搅打成带有颗粒状的桃泥。

3 桃泥倒入面包机桶内，将香草豆荚刮出籽，连同豆荚一起放入桶内。

4 启动面包机果酱模式，果酱程序结束后，果酱呈浓稠状就做好了。

5 玻璃瓶洗净后用沸水煮一下消毒，沥干水分，趁热将果酱装入瓶中，倒扣，放凉后冷藏即可。

图书在版编目（CIP）数据

Hello！面包机：升级版 / 薄灰著 . -- 南京：江苏凤凰科学技术出版社，2017.6
（汉竹·健康爱家系列）
ISBN 978-7-5537-8151-8

Ⅰ. ① H… Ⅱ. ①薄… Ⅲ. ①面包－烘焙 Ⅳ. ① TS213.2

中国版本图书馆 CIP 数据核字 (2017) 第 068301 号

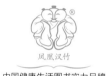

中国健康生活图书实力品牌

Hello！面包机：升级版

著　　　者	薄　灰
主　　　编	汉　竹
责 任 编 辑	刘玉锋　张晓凤
特 邀 编 辑	徐键萍　苗亚田
责 任 校 对	郝慧华
责 任 监 制	曹叶平　方　晨

出 版 发 行	江苏凤凰科学技术出版社
出版社地址	南京市湖南路 1 号 A 楼，邮编：210009
出版社网址	http://www.pspress.cn
印　　　刷	南京新世纪联盟印务有限公司

开　　　本	787 mm × 1092 mm　　1/16
印　　　张	12
字　　　数	90 000
版　　　次	2017 年 6 月第 1 版
印　　　次	2017 年 6 月第 1 次印刷

标 准 书 号	ISBN 978-7-5537-8151-8
定　　　价	39.80 元

图书如有印装质量问题，可向我社出版科调换。